U0343510

江城科普读库

跟地质学家去旅行

武汉市科学技术协会资助项目

顾松竹 著

HAN BOOK 版
WUHAN
PUBLISHING HOUSE
武汉出版社

(鄂)新登字08号

图书在版编目(CIP)数据

跟地质学家去旅行/顾松竹著.
—武汉:武汉出版社,2017.12
ISBN 978-7-5430-9329-4

Ⅰ.①跟… Ⅱ.①顾… Ⅲ.①地质学—普及读物
Ⅳ.①P5-49

中国版本图书馆CIP数据核字(2017)第007751号

著　　者:顾松竹
责任编辑:刘从康　王　俊
装帧设计:刘福珊
出　版:武汉出版社
社　址:武汉市江汉区新华路490号　　邮　编:430015
电　话:(027)85606403　85600625
http://www.whcbs.com　　E-mail:zbs@whcbs.com
印　刷:武汉市金港彩印有限公司　　经　销:新华书店
开　本:787mm×1092mm　1/32
印　张:3.5　　字　数:70千字
版　次:2017年12月第1版　　2017年12月第1次印刷
定　价:38.00元

Contents | 目录

跟地质学家去旅行

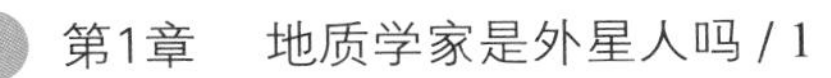

第1章 地质学家是外星人吗

地质学家似乎拥有火眼金睛，他们眼中的世界跟你眼中的世界差别巨大。

在位于北爱尔兰贝尔法斯特西北约80公里处的大西洋海岸，有这么一处奇景：8公里长的海岸由总计约4万根规整的六角形石柱组成。连绵有序的石柱，呈阶梯状延伸入海。这鬼斧神工的奇景不仅古人难以理解，就算是现在去旅游的普通人看起来，也是瞠目结舌，啧啧称奇。所以，与其他人类难以解释的现象一样，很久以前便流传下关于它的传说——爱尔兰巨人芬·麦库尔（Finn MacCool）为了能跨越海洋到苏格兰去与其对手本南多（Benandonner）交战，把岩柱一个又一个地运到海底，铺成了通向苏格兰的阶梯。这也是“巨人堤”这一景点名称的由来。

“古近纪末期，此处地壳运动剧烈。约五千万年前，在今天苏格兰西部内赫布里底群岛一线至北爱尔兰东部，火山非常活跃。随着火山的不断喷发，灼热的玄武岩熔岩不断从地壳的裂隙涌出，像决堤的洪水一样漫过大地。岩浆在流动过程中温度越来越低，逐渐冷却并固结。而固结后的岩石温度仍然高达上千摄氏度，仍会逐渐降温。随着温度降低，岩石体积会发生收缩。层状的玄武岩收缩时，上下方向不会发生破裂，但是在水平方向上收缩时不可能仍保持一个整体，而是以一些等距离的点为中心进行的，最后就形成了规则的垂直于岩石层面的六棱柱。经过千万年来的海水冲刷，逐渐形成了今天高低参差的地貌。”

等等！这是谁在说话？外星人吗？

“你好，我是一名地质学家，和你一样，也是地球人。”

“不会吧？你一定是化装成地球人的外星人！否则怎么可能知道几千万年前地球发生的事呢？”

“没有啦，我们地质学家只不过是经过了地质学的学习和一些专业训练而已。当然了，相对于普通人，我们也确实有着一些特殊的‘能力’。”

首先是“视觉能力”。经过了地质学的专业训练，地质学家似乎拥有了火眼金睛，这双眼睛使得地质学家眼中的世界跟普通人眼中的世界存在很大的差异。

普通人眼中的白悬崖

地质学家眼中的同一处风景

在英国多佛港附近的海岸上，有一处著名的景点——“七姊妹”白悬崖。一百多米高的雪白的白垩断崖屹立在蔚蓝的海岸边，崖顶覆盖着翠绿的草地。在普通游客眼里的白悬崖可能是这样的：哇，好像我最爱的抹茶蛋糕啊！快来给我拍张照……

在旅游的时候，地质学家看到的东西，除了风景，还有地质现象。由于职业的关系，地质学家往往会主要看到后者，再加上难以克制的向朋友们科普的冲动，最后难免会破坏好容易才出来玩一次的朋友心中的浪漫。

试想：在美丽的漓江江畔，观赏完张艺谋导演如梦如幻的《印象·刘三姐》表演，你正遥望月色下的象鼻山，沉浸在“水底有明月，水上明月浮”的“漓江双月”奇景中……这时，身边的地质学家朋友却忽然开口：“你看，这个象鼻山呢，其实就是一种岩溶地形。它是江水溶解和冲刷组成山峰的石灰岩形成的。你知道鸡蛋泡在醋里，蛋壳就会溶解掉，对吧？其实呢，这些天我们看到的……”这时，你多半会在心里想，他要是立刻消失就好了。

经过了专业训练以后，地质学家不仅拥有了特殊的“视力”，还有了与你不同的时间和空间观念。地质学家口中的快、慢、大、小，都跟一般人有差异。其中一个最主要的原因，在于地球自身的特点以及地质作用的特殊性：地质作用通常十分缓慢，而地球实在是太大了。

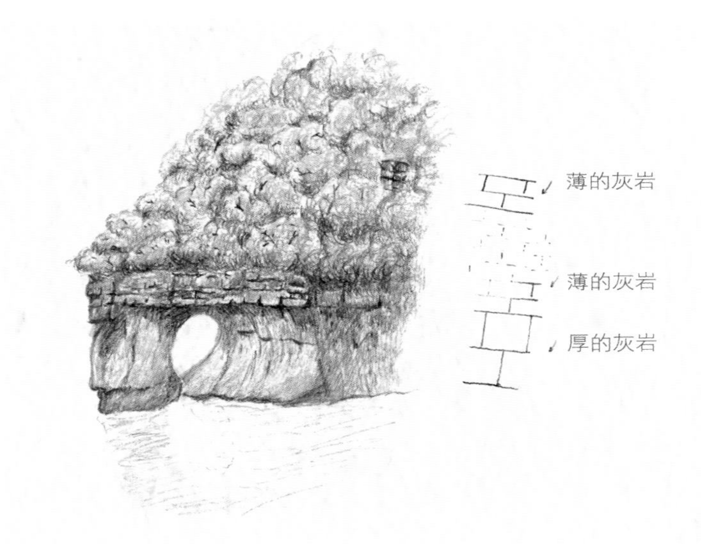

象鼻山

地质作用就是在某种能量的作用下，地球上的物质发生变化的过程。上述河水冲刷、溶解岩石形成象鼻山的过程，就是一种地质作用。

巨人堤形成的过程，当然也是地质作用：岩浆冷凝成岩石，岩石侧向收缩形成紧密排列的六棱柱；太阳能作用形成了风的运动，风再带动水运动形成波浪，使得岩石遭受溶解、磨损或者冲击，这种地质作用其实就是波浪的侵蚀作用。

地质作用发生的速度一般非常缓慢，所以，地质学家的时间概念与常人不同。他们往往用“百万年”作为常用的时间单位。地质学上的快和慢的概念也跟一般人不同，地质学家说一种地质作用的速度很快，并不意味着几天、几年、几十年之内能够观察到这些地质作用的结果，而往往是需要几千年、几万年甚至几十万年。比如波浪的侵蚀作用就被认为是一种比较快的地质作用，但许多主要由波浪侵蚀形成的景观，我们终其一生也难以发现它们的变化。但是有的地质作用的速度也真的很快，比如地震，在短短几分钟甚至几秒钟的时间里，就能够使得地表的岩石发生明显的移动，地形也会随之改变。

1987年，前苏联为纪念世界上最深的科拉超深钻孔发行的邮票。

除了地质作用的时间之外，地质学家的研究对象——地球——规模太大了，地质学研究的某个对象的大小会以几百上千公里来计算。比如地质学家们会说，这是一个小的“板块”，其实这个小“板块”的直径有好几百公里。对一个地质现象进行合理的解释，需要地质学家收集到足够多的数据，进行足够深入的分析，并且对前人的工作有相当的了解。但是，有时候甚至仅仅对地质现象进行观察、采集样品都非常困难。比如，虽然我们能够直接观察陆地的地表，但是对海洋来说，还有99%的地方人类尚未涉足。对于地表以下，可以通过打钻来进行观察，但是目前世界上最深的钻孔也仅仅达到了地下12公里左右的深度。对于半径6000多公里的地球来说，实在是微不足道。而且对于更深的地球内部来说，那里温度很高，压力超大，目前的科技水平还不能让我们直接到达那里进行观察或者采样，只能通过间接的方式来获得地球内部的一些信息，比如通过地震波给地球做CT，来间接推测地球内部密度的情况。

虽然地质学家因为上述原因，在研究地球的时候所习惯使用的时间和空间的概念与常人不同，看起来他们好像跟普通人并不是来自同一个星球，但其实没有哪个地质学家会因此改变他生活中的时间和空间的观念。比如地质学家也不会认为迟到是正常现象，不会认为在公路上开到车速每小时140公里比较“慢”。

第2章

要不要跟地质学家去旅行

地质学家不挖古墓，他们可以使我们的生活更加方便和安全。

地质学家的工作有很多需要在野外完成，我们把这种工作叫作出野外……好吧，也许你觉得这种工作就像是旅游。但野外工作仍旧是工作，而旅游是生活。地质学家也会旅游，但那是在休息，不是在工作。也许有人会觉得地质学家在全国甚至全世界到处跑野外，一定知道哪里更好玩，所以跟他们一起去旅游一定是一个好主意。也有人可能不同意，觉得跟一群没有生活情趣的理科生去旅游一定会很无聊。阅读完本章，你可以得出你自己的观点。

地质学家，是对地球进行研究的一群人。对很多人来说，他们常常不能区分考古学家和地质学家。比如每当我认识了新朋友，在进行了自我介绍以后，他们常会满脸真诚地希望我能够帮他们鉴定家传的字画，让我很是尴尬。在野外进行工作的时候，也常会有当地老乡过来看热闹。他们很奇怪我们一群人踩着粘满烂泥的鞋子，穿着全是汗渍的脏衣服、戴着在他们镇上赶场时两块钱买的草帽，手里拿着花花绿绿的图，把一个神秘的有指针的仪器放在石头上比比画画，拿锤子在上面敲敲打打，还时不时地在一个小本子上记点什么。总怀疑我们是在偷偷寻找什么古时候埋藏起来的宝藏。还有同事曾在野外工作的时候遇到当地老乡请教宅院大门的方向和祖先坟地的选址。因为在老乡的眼中我们是和风水先生一样的神秘存在，可以参透阴阳变化的玄机。

而实际上，地质学家是通过自己的知识，探索地球的历史、寻找地球上的资源、减轻自然灾害的一群科学家。

对你，以及这个星球上的其他所有人来说，地质学家都是非常有用的。你穿的衣服、看的电视、用的手机、吃的食物……这一切之所以存在，都是因为地质学家对地球进行了研究和探索。除了给我们提供资源，地球也会成为人类的杀手，而你则可能因为地质学家对自然灾害的研究而采取了相应的措施，得以在地震、泥石流、火山爆发甚至海啸中幸存下来。

人类为了舒适和快乐地生存在这个世界上，需要能量和原材料，而这一切都依赖地球。每种人造的物品都依靠地球的资源，比如你写字的铅笔。存在了数十亿年的地球已经把物质富集成为人类可以开采或提纯的矿产。通过研究地球怎样运转，不同的物质如何分布以及为什么那样分布，地质学家可以巧妙地帮助我们寻找到金属、能源和宝石。即便是建筑用的沙石这样普通的资源也离不开地质学知识和地质学家。

我们今天的文明体系依靠丰富而廉价的能源来维系，例如我们几乎所有的交通工具和机器都以石油、煤或者核能来驱动。这些能源的分布并不均匀，它们正聚集在地球的某个角落，等待地质学家们慧眼识珠。究竟我们消耗了多少资源？我国在2015年的能源消耗量，换算成煤是43亿吨，是1978年的8倍多。与全球第二大资源消耗国美国相比，中国的资源消耗量是美国的4倍。有人可能不知道，这些资源是不可再生的，为了寻找更多的这些日益减少的资源，我们需要更丰富的地质学知识，当然也需要更多的地质学家。

在过去的200年间，我们对资源的需求和工业化，导致了地球环境的破坏。而地质学家可以帮助我们理解这些环境破坏的机制，从而减少或者阻止环境的持续

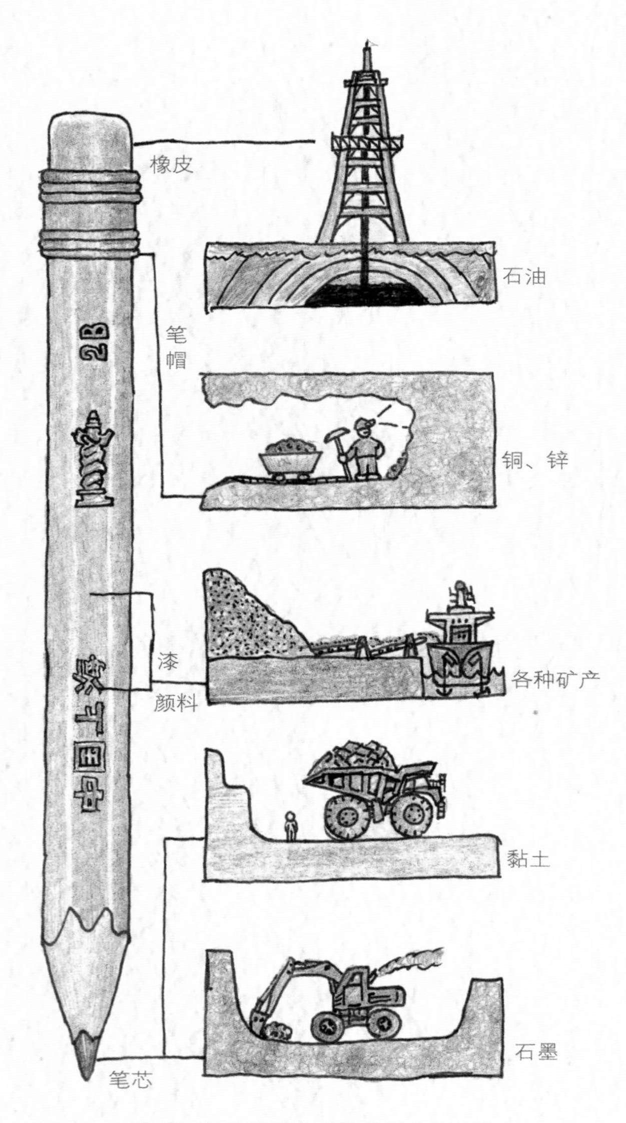

人类需要的资源很多由地质学家来寻找

恶化。例如，石油公司的地质学家勘探新的油田，而公众和政府则依靠其他地质学家来评估石油工业潜在的环境影响，比如开采石油过程中对地下水的影响、石油运输过程中的环境问题以及来自石油的有毒物质的处理等。

几乎每个人都有遭遇地震或飓风这类自然灾害的可能。地震、火山喷发、滑坡、泥石流和海啸是最危险的地质灾害，地质学家们在减轻地质灾害带来的损失方面有重要作用。2004年12月26日之前，你可能不知道“海啸”是什么意思。但是就在这一天，全世界都见识到了这种由海底地震引发的海中巨浪的惊人破坏力。在印度尼西亚北部海岸外发生的地震引发了班达亚齐省大范围的破坏。这场地震本身已经是一场大灾难了，而海啸的发生则是在大灾难之上雪上加霜。巨大的地震能量转换成的滔天巨浪袭击了距离震源最近的印尼、马来西亚、泰国等印度洋东岸国家。同时这些巨浪也向西，以喷气式飞机的速度向遥远的印度甚至是非洲东岸国家推进。当海啸到达泰国、印度、斯里兰卡以及另外的八个国家时，高达14米的巨浪迅速淹没了沿岸居民区。最终估计超过220，000人遇难，有数百万人受伤。通过学习地质学的知识——这些知识大部分来源于地质学家的研究——能够减少死亡么？那是当然，当时在泰国的一个

印度洋海啸的破坏力对比

海滨度假胜地普吉岛，一名十岁的英国女孩和她的家人在度假。她注意到海水开始后退，在几周之前的地理课上，她刚刚学习了什么是海啸，知道海平面降低之后就会出现第一波巨浪。她告诉了她妈妈，随后整个度假村的人都收到了警告，最终大家都跑到了地势较高的地方，躲过了巨浪。这是泰国海岸线上唯一没有伤亡的地段。这个女孩关于海啸的知识拯救了大约一百人的生命。

1991年的皮纳图博火山爆发是20世纪以来第二大火山爆发。地质学家们及时、成功地预报了爆发的高峰。菲律宾政府得以疏散了附近的民众，拯救了数万人的生命。与之形成对照的是，1985年哥伦比亚的Nevado del Ruiz火山在一次相对较小的喷发之后，却发生了20世纪最惨重的火山灾害。炽热的火山碎屑从火山口爆炸喷出，融化了覆盖于山顶的冰雪。水和松散的碎屑物混合形成了泥石流。泥石流向下倾泻，淹没了火山脚下的阿麦罗城，23,000人遇难。哥伦比亚的地质学家在之前就已经预测到了这些泥石流的发生，并且发表了一张显示可能发生泥石流的位置和范围的地图。而实际上，摧毁阿麦罗城的泥石流分布与之几乎完全吻合。但不幸的是，政府官员忽视了地质学家的报告，否则悲剧是可以避免的。

地质学家的工作就是这么重要。那么你也许会问，为什么我们需要相信地质学家对地质现象的解释，或者是对地质灾害的预警呢？一个非常简单的理由就是，地质学是科学，而科学用证据说话。相信地质学家的专业判断，你有最大的可能性获得对的知识，从而对事情做出正确的判断，进行合理的决策。

地质学家的任何解释都需要有客观证据，而关于地质现象的任何解释都是一种论断。例如地质学家告诉他的朋友："北戴河的鸽子窝位于一个海蚀崖上，而海蚀崖是波浪侵蚀岩石后残留下来的。"这就是一个论断。而任何人对一个论断都可以质疑。对同样一个地质现象的成因，例如此处的海蚀崖的成因，不同的人观察的角度不同，受到的教育不同，大脑里面的认识可能也是不同的。在这种情况下，谁主张，谁举证，任何人都可以对这种论断进行质疑，而提出论断的地质学家则必须举出证据来消除别人的怀疑，证明他的主张是正确的。在这里，如果通过了客观的证明，那么他的这种论断就被认为是可以接受的；如果他的证明不符合逻辑和客观，比如地质学家回答说，他"相信"或者他"感觉"这种解释是合理的，那么，他的主张就不是可接受的。

对于海蚀崖这样处于地表的一种常见地质现象来说，它的成因还是比较容易解释的。虽然岩石是很坚硬的，但

鸽子窝

在水、氧气、二氧化碳、阳光等因素的作用下，经过漫长的时间，岩石仍然是容易被破坏的。海岸带上的岩石，矗立在海水中，风吹动海水形成了波浪，波浪向着海岸上的岩石冲去，对海平面附近的那部分岩石产生冲击，同时波浪还可以携带泥沙，对岩石产生更多的磨损。经过一段时间以后，岩石靠近海平面的那些部分就被破坏了，凹了进去。如果是易于溶解的以碳酸钙为主要成分的灰岩，这种凹槽就更加明显了。当海水对岩石的破坏持续进行时，海蚀凹槽会越来越深，直到某一天，其上方的那部分岩石失去支撑而垮塌，这就形成了海蚀崖。如果是在向海洋方向凸起并延伸到海里的岩石两侧，波浪的能量会得到加强，使得此处的侵蚀速度更快，所以这里的海蚀凹槽可能会更快地变得更深更宽，最终互相连接形成孔洞，而其上的穹顶一边连接着凸出于海中的岩石末端，另一边则连到海岸。当孔洞进一步扩大，穹顶无法承受自身重量而垮塌的时候，凸出于海岸的岩石末端就会与原来的海岸分开，独立矗立在岸外的海蚀柱就形成了。著名的泰国海滨度假胜地攀牙湾国家公园中的岛屿上随处可见这种情况。攀牙湾公园中最知名的一个景点是詹姆斯·邦德岛，这个岛原本的名字是考平甘，在泰语中是“对峙的山峰”的意思。1974年007电影《金枪人》在此取景拍摄，此处在电影中是大反派弗朗西斯科·史卡拉曼的老巢。在影片公映以后，此岛成为一个热门景点。这个岛的北侧40米外的海里，矗立着一根高20米的上粗下细的石柱，名为塔布岛。石柱靠近水面处直径约4米，到靠近顶部的位置，直径约8米。这根石柱曾经与考平甘岛相连，是一个向海洋方向凸起的半岛。今天的考平甘岛四周和棒槌状的塔布岛周围的陡壁，其形成都跟海水的侵蚀、岩石的垮塌有关。

泰国普吉岛附近的海蚀崖和海蚀柱

海蚀柱与凸出于海中的岩石相连，前方不断崩塌、后退。

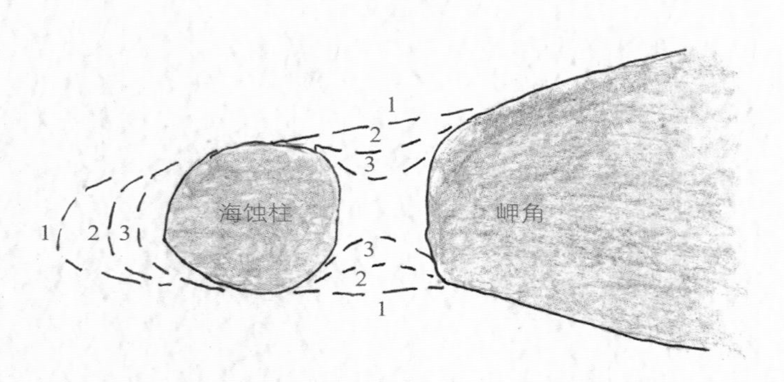

从顶上看：地形从1，2，3进行发展，到了3的阶段，虽然凸出于海中的岩石末端与海岸仍然相连，但是下方被海水侵蚀形成了一个洞，洞顶崩塌后，一个海蚀柱就形成了。

攀牙湾詹姆斯·邦德岛的成因

虽然岩石溶解、被磨损和冲击破坏的速度很慢，可能我们一生都不一定能亲眼看到岸边的岩石垮塌和海蚀崖的形成，但是我们只要拥有简单的物理学和化学知识，并以此为基础进行符合常识的推理，就可以得出比较可信的解释。

最后，我们回到题目上，现在你还想不想和地质学家一起去旅行呢？地质学家拥有的知识，使得你在野外的时候可能会有一些惊喜、可能会更加安全、当然也有可能完全毁掉你的浪漫假期。我倒是觉得，只要不在一些不合时宜的时候显摆自己的专业知识，地质学家的导游，还是值得你拥有的。

第3章 地质学是科学吗

地质学家的工作越来越定量化，地质学的知识是通过科学方法获得的。

尽管存在这样那样的一些困难，地质学家的工作仍然是采取客观的方法对地质现象进行观察，并且尝试对这些现象进行合理的解释。这说明，地质学是一种科学。然而，现在却有一种说法，说地质学不是真正的“科学”。那么，这种说法又来源于什么呢？

在某些媒体眼中，地质学是不是科学这个问题真的存在。居然有人在网上对地质学是不是科学进行过煞有介事的讨论。例如在某知识问答网站上，有人回答说，地质学不是科学，因为地质学理论无法用实验来证实。

此人给出了科学的定义以及科学方法的过程，认为其中最重要的步骤在于科学要能够进行实验的验证，然后引用某网络百科的分析，认为科学家不能在动辄亿万年的时间尺度和成百上千公里的空间尺度进行验证实验，从而无法满足这个条件。但是，在地质学家看来，这不过是对“实验验证”的机械理解罢了。后面会谈到，除了实验以外还可以通过新的观察来对一个假说进行验证，而地质学的理论大部分都是通过这种方式得来的。

持有上述观点的可能不是个别人，现在似乎很多人都或多或少有这种认识。“地质学不科学”似乎正变成流行文化的一部分，以至于我们居然可以在电视剧里面看到对地质学戏谑的批评。美剧《Big Bang Theory（生活大爆炸）》中的主要角色之一，理论物理学家谢耳朵（Sheldon）在跟他的几个好友组团与地质系的同事一起玩儿彩弹枪对战时，为了让因发生了口角而四分五裂的队伍重新团结起来，毅然走出隐蔽所，站上高地，振臂高呼：“地质学不是真正的科学！”随后在愤怒的地质系同事们射出的彩弹雨中“英勇就义”。该剧其实不止一次通过谢耳朵之口对地质学进行了调侃，比如谢耳朵曾经不无鄙夷地称呼与他竞争基金的地质学家为“土人”（dirt people）。看过美式喜剧的人都知道，每隔几十秒，就必须有一个笑点。为了使笑料达到这种密度，编剧对人物的

美剧《Big Bang Theory（生活大爆炸）》场景

设置必须进行极端化的处理，所以才有了这个偏执、自恋的强迫症患者。

如果说谢耳朵在剧中对地质学的鄙视是编剧为了戏剧冲突的效果进行的夸张，那么我们也许可以对此一笑而过。但是在某些科学家的眼里，地质学也不如物理学、化学、生物学等学科“科学”，这就值得我们好好地进行一下分析了。这些科学家觉得，只有能够用数学完美表达出来的才是真正的科学。这有点把“精确”的要求极端化了。对于“精确”的定义是会随着人类知识的不断增加而发生变化的。毕达哥拉斯学派是古希腊的一个政治、学术、宗教三位一体的神秘主义社团，他们把毕达哥拉斯提出的“万物皆数”当作哲学基础，同时信仰“一切数均可精确地表示成整数或整数之比”。然而，他们中的一个成员希帕索斯考虑了一个问题：边长为1的正方形其对角线长度是多少呢？他发现这一长度既不能用整数，也不能用分数表示，而只能用一个新数来表示。学派的信仰崩溃了，在随之而来的与狂热的学派信徒的冲突中，希帕索斯被扔到了海里淹死了。这正是非理性的“坚定信念”造成的悲剧。

仔细分析起来，上述认为地质学不是科学的观点，大多是出于对“科学”的误解，认为只有物理、化学这些可以定量化的知识体系才是科学，而地质学是不能定量的。即使按照他们这种观点，地质学家今天的工作中也已经采用了非常多的“定量”手段，发展出了很多定量的方法。一个例子就是，在进行年代测定工作的时候，我们需要测量的那些化学物质在样品中的含量是非常小的，只有通过高精度的仪器，获得了高精度的数据之后，年代的测定才是可信的。这说明认为地质学不过是一些模糊的理论的说法是站不住脚的。

现在我们可以从科学是什么开始。那些认为地质学不科学的观点，从根本上忽视了科学真正的核心——“科学方法”。科学的定义是多种多样的，科学哲学的不同学派都有不同的看法。但是无论是哪种定义，都认为科学至少包括两个层面，即：首先，科学是发现有关自然的可靠的知识体系的一种方法，也即科学就是科学方法；其次，科学就是这种可靠的知识体系的集合。每个人都有知识，但是并不是所有人的知识都是可靠的或者可以确证的。实际上大部分人持有很多不可靠的知识，而且他们可能以此为基础生活和工作。不可靠的知识是我们这个世界显得混乱的重要的原因之一。除科学外还有很多种别的获得知识的方法，但是通过那些方法获得的知识不一定是可靠的。科学方法是科学的灵魂，无论种族、性别、年龄，科学家的一个共同的特征是他们具有通过系统的科学教育而建立起来的一种特殊的思维方式。在这里被称为科学思维方式。当他们在进行研究的过程中，主动或被动地应用这种思维方式以后，最终的研究成果，就是科学。

那么我们如何判断一个知识体系的建立采用的是不是科学方法呢？科学方法是在科学的思维方式指导下获取可信知识的方法，主要包括三个核心的部分：经验、逻辑、怀疑。这三条原则也就是我们可以用来进行上述判断的标准。

经验是哲学上的经验，实际上指的是客观的观察和实验。从经验上看，科学必须是可以用实验或者观察来进行检验的。我们可以通过某种理论做出符合逻辑的预测，然后通过实验或者观察对预测进行检验，并且检验结果将是正确的；同时，实验的或者观察的结果也是别人可以独立重复的。

从逻辑上来看，科学必须是逻辑上一致的，不能自相矛盾，不能包含不必要的假设，同时还要能够被证伪。科学能够被证伪，指的是逻辑上存在能够被证伪的可能性，即科学可以清楚地说明在什么情况下有可能会被推翻。有人却以为搞科学就是不断地证伪和推翻，也有人以为科学不断地被证伪所以是不可信的，这些都是对证伪的误读。

怀疑就是需要持续不断地对证据、结果和已经存在的知识进行检查和质疑。你必须随时质疑你自己的知识和他人知识的可靠性。对某种理论进行预测，通过新的实验和观察对预测的正确与否进行检验，是很有效的一种检查和质疑方法，应用这种方法也意味着已经保持了怀疑的态度。有人认为持怀疑态度的都是一些死心眼儿，他们抱残守缺，对新的证据视而不见，总是固执己见。但是他们所认为的这种怀疑是怀疑一切，而人一旦怀疑一切就失去了探索的能力，也就失去了科学思维能力。这些都不是真正合理的怀疑。合理的怀疑也是离不开科学思维的两个核心的部分，即经验和逻辑的。对于某些人来说，似乎能够质疑主流科学界的理论就是有了怀疑精神。比如美国就有那么一群人怀疑全球是否真在变暖，中国三天两头就有人跳出来说谁谁谁又推翻了进化论。这些都是错误怀疑的例子。

科学方法是由一系列的步骤组成的。一个地质学家的工作必须满足这些步骤的要求：

1. 提出一个问题，而这个问题必须能够被回答。

2. 通过观察，搜集与这个问题相关的信息。科学家称之为数据。

3. 仔细分析数据后，现在可以对观测到的数据进行尝试性解释，这称作假说。科学假说是一种合理的、可以进

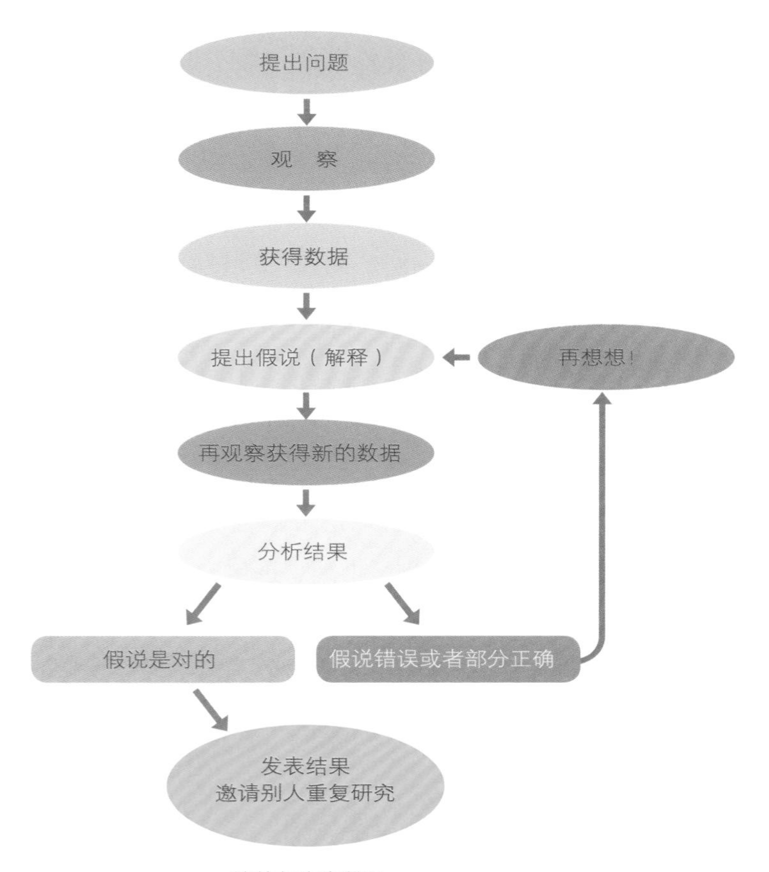
提出问题
观　察
获得数据
提出假说（解释）
再想想！
再观察获得新的数据
分析结果
假说是对的
假说错误或者部分正确
发表结果
邀请别人重复研究

科学方法流程图

行检验的、可以进行预测的针对科学问题的解决方案或者答案。你可用假说来解释某些现象。

4. 在确认假说的可信度之前，你需要检验你的假说。检验假说可以有两种方法：首先你可以进行一个实验，在某些教科书里，这可能是检验假说的唯一方法。但是有很多问题不能通过实验进行，例如我们地质学里面的大部分问题：山脉形成、河流改道等等。这时就可以用第二种方法，即进行更多的观察。我们可以根据每一种假说进行预测，你可以在新的观察或者实验中，通过新的数据和逻辑判断这个预测的正确性有多高，即通过比较所预测的结果跟实际得到的结果的吻合度有多高，从而验证或否定假说。

5. 检验预测。如果假说没有通过检验，它将被拒绝，被抛弃，或者被修改。大量的科学假说是被修改过的。因为科学家们不喜欢在已经投入了大量的时间和精力之后，简单地抛弃一个他们认为是正确的想法。修改过的假说必须再次被检验。如果假说通过了后来的检验，它就被认为是一个被证实的假说。这时就可以发表成果了。发表了以后，别的科学家还可以继续验证这个假说，如果后续的检验都证实了这个假说，那么假说就变得更加可信，可以被认为是可靠的知识了，此时假说逐渐进化为科学理论。

6. 经过检验的假说变为科学理论后，它被认为极有可能为真。然而在科学中，没有东西能被“证明”，严格的“证明”只存在于数学和哲学中。但是，通过严格检验的假说形成的科学理论，可以说是在目前所有的证据存在的情况下，最有可能为真的知识。需要注意的是，虽然普通大众对“理论”一词的理解，带有猜测、怀疑、不客观的意味，比如“这只是一个理论而已”，但是在科学家的眼中，科学理论（比如板块构造理论）——经过了详细、严谨的检测的理论——实际上等同于事实，我们称之为科学事实。

科学理论——无论是相对论、量子力学、热力学、进化论、板块构造及宇宙大爆炸——都是人类所获知的最可信、最缜密和最复杂的知识。

那么地质学到底是不是科学呢？某些地质工作者限于自身的专业训练和科学素养的不足，无法在工作中满足科学的要求，从而使得一些人认为地质学不是科学。我同意他们一半的判断。他们的这种工作不是通过科学方法进行的，从而他们创造的这部分“地质学”知识，其实需要从地质学中排除——即使他们自己不愿意如此。我们可以看看地质学是否符合上述科学的几大判断标准，从而检验地质学到底是不是科学。

从经验来看，地质学采用的是不是客观的观察和实验获得的证据？很明显，地质学家通过野外工作，仔细地观察岩石或者是其他地质现象，对它们进行详细的描述、绘图、照相，搜集到了第一手的资料；回到室内以后，通过各种手段对在野外采集的岩石样品进行处理获得更多的数据，这些数据显然都是客观的经验数据。

从逻辑上看，可能我们需要对一个具体的地质科学结论进行考察才能够最终得出地质学是否符合逻辑的结论，在本文中进行这个工作显然是不现实的。不过我们可以通过下面对板块构造理论的形成过程进行深入考察，具体地来看看逻辑和科学方法在形成地质学的科学理论上所起到的重要作用。

虽然板块构造仅仅在几十年前才作为假说提出，但是现在它已经被广泛地接受和传播了，大部分人对它至少有一个粗略的认识。板块构造理论告诉我们，地球的表面是坚硬的岩石组成的岩石圈，岩石圈可以划分成几个巨大的厚厚的板块，这些板块缓慢地移动，并且大小不断地改变。在板块的边界地区，板块或互相远离，或互相靠近，或相对滑动，岩石圈的物质在这些地区被强烈的地质作用所改造。

你是否注意到，我们对于板块构造的描述实际上暗示，我们对于这一地质作用的存在几乎没有任何怀疑。因为板块构造理论就是已经被接受了的可信的知识，它已经被地质学家通过科学方法验证了。板块构造理论像所有通过科学方法获得的知识一样，经历了通过科学方法不断演进的过程。

在下一章，我将会为你介绍板块构造理论的历史。你将会了解到，板块构造是如何从一个模糊的想法逐渐演化为一个极其可能是正确的科学理论的过程。从中你可以体会科学如何通过上述步骤的不断迭代而变得越来越可信，成为我们人类知识体系的主宰。

第4章 从大陆漂移到板块构造

板块构造理论是科学方法排除知识体系中的错误，使科学越来越强大的一个例子。

本章将描绘20世纪地球科学领域一幅影响深远的历史画卷，向你进一步展示科学方法的过程，帮助你深入了解可信赖的知识是如何通过科学方法获得的。板块构造理论发源于20世纪初的大陆漂移学说，最终成形于1960年代。它的建立引起了地球科学界惊天动地的变化，有人将此称为地学的革命。今天我们地质学的很多成就，都是在它的基础上不断前进的结果。从某种意义上来说，板块构造理论的意义，不亚于当年人类发现地球是圆的。

我们每个人在详细观察一幅世界地图的时候，都可能发现非洲和美洲之间海岸线的相似之处，大西洋两岸可以像拼图一样完整地拼接到一起。从15世纪到17世纪，欧洲人的船队出现在世界各地的海洋上，寻找着新的贸易路线和贸易伙伴，以发展欧洲新生的资本主义，这就是所谓的“大航海时代”。到17世纪末，人类已经到达了现在已知地球表面90%的地方。大航海时代推进了地图制图技术的不断发展，到了18世纪末期，世界地图已经越来越精确。于是，大西洋两岸的相似性引起了越来越多人的猜测，认为大陆曾经是一整块，后来由于种种原因断

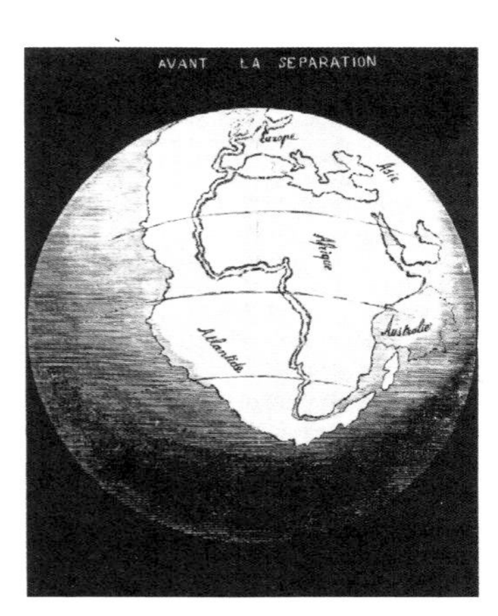

陆地似乎可以拼贴到一起，特别是南美洲和非洲之间几乎严丝合缝

裂分开。不过，一直到20世纪初，德国气象学家阿尔弗雷德·魏格纳在《海陆的起源》中，才第一次系统地提出了有力的证据，证明大陆曾经联接在一起，通过漂移才抵达今天的位置。

他指出，距今2亿年到3亿年前的南美、非洲、印度、南极洲和澳大利亚有几乎一样的岩石和化石。在美国的宾夕法尼亚州发现的舌羊齿遍及五大洲，还有一种淡水爬行动物中龙仅在巴西和南非的二叠纪（距今3亿～2.5亿年）岩石中发现。陆生爬行动物水龙兽和犬颌兽的化石在所有五大洲的三叠纪（距今2.5亿～2亿年）岩石中都有发现。

魏格纳重新把大陆组合成一个超级大陆——泛大陆。泛大陆的北部包括现在的北美洲和亚欧大陆（不包括印度），其南部包括现在的非洲、南美洲和印度（已向北偏移）。

晚古生代的冰川分布有力地支持了泛大陆的假说。非洲、南美和印度全都有这一时期的冰川沉积物。如果这些大陆像今天一样分布在全球，那么意味着当时寒冷的气候产生了足以覆盖全世界的冰川。然而，在北半球并没有发现广泛分布的古生代冰川。如果按照魏格纳的想法把大陆重建，那么在南半球的冰川只局限在一个较小的区域。如果大陆是现在的格局并且位置从未改变，

魏格纳

那么晚古生代的冰川流动方向会从海洋指向陆地，这也是不可能的。

魏格纳是气象学家，他对古气候资料特别敏感。他充分利用当时已有的沉积学和古生物学资料，重建了古代的气候。例如珊瑚礁的出现意味着位置在赤道附近且海水温暖；具有某种特殊构造的砂岩则代表了古代的干旱气候，

魏格纳的证据：古生物学

而今天这种气候带分布在南北纬30° 附近。所以，如果古代的气候带跟今天相似的话，可以通过这些重建后的气候带显示出古代的赤道和两极的位置。

魏格纳还确定了每个地质时期地球磁极的位置。他发现在地质历史时期，地磁极的位置似乎与现在不同。他认为，地球磁极是不可能移动的，磁极位置与今天不同，意味着大陆发生了位移。

虽然魏格纳已经找到了当时能够找到的所有关于大陆漂移的有力证据，但是这些证据很多并不能确定无疑地支持大陆漂移假说。例如，爬行动物分散在各个大陆，可能是通过横穿大洋的一系列岛屿，即所谓的大陆桥来完成的。虽然大陆桥存在与否，因为对海底地形的了解太少而无法证明，但这在当时是被普遍接受的一种说法。此外植物也可能通过风或洋流传播到另一块大陆。它们分布在几块大陆上并不能确定这些大陆曾经组成了一个超级大陆。此外，地磁极的变化可能就是地球磁极本身的移动，而不是大陆移动的结果。由于魏格纳的证据不够确凿，他的理论没有被大多数人认可。

还有一个重要的原因使得魏格纳的假说被广泛质疑。那就是，到底是怎样的力能够大到可以驱动庞大的陆地发生这样大规模、远距离的移动？魏格纳提出，驱动大陆漂移的是地球自转的离心力和引起潮汐的引力的组合。但经过对这些力的仔细计算后，显示出它们的大小并不足以移动大陆。另外，魏格纳提出，大陆的漂移是通过在海底的滑动进行的。大多数地球物理学家和地质学家认为，这么重的固体岩石块整体在洋底滑动直接违背了最基本的物理规律。最后，魏格纳估计的大陆漂移速率为每年250厘米，这一数字过于惊世骇俗。而今天通过高精度测量发现，欧洲和非洲漂离美洲的速度仅仅是每年2.5厘米。

魏格纳坚信自己的假说是对的，于是他继续到世界各地进行野外工作，想搜集更多的证据来为他的理论辩护。不幸的是，1930年，魏格纳冻死在一次穿越格陵兰冰盖的远征中。他死后，大陆漂移学说逐渐沉寂下来。总的来说，在1950年代以前，魏格纳的想法在美国和欧洲得到的支持相当少。但在南半球，可能因为两块大陆间的岩石和化石相似性更加明显，有一些地质学家对大陆漂移假说印象深刻。

但是从1950年代开始，大量的新证据出现了。这些新证据再次吸引了人们对魏格纳假说的关注。

1947年，美国科考船“亚特兰蒂斯”号发现大西洋的洋底沉积物厚度比原先认为的薄得多。地质学家们以前相信，海洋既然已经存在了超过40亿年，那么在洋底的沉积物应当非常厚才对。那么为什么会出现沉淀在洋底的泥沙碎屑等沉积物非常薄的情况呢？为了搜寻这个问题的答案，人们进行了更多的海洋调查，并歪打正着地刺激了板块构造理论的出现。

地球上2/3的面积为海洋所覆盖。19世纪以前，人们对开阔大洋的深度其实都是推测，并且认为大洋底是相对较为平坦的。但是后来慢慢地发现，大洋深度的变化很大。第一次世界大战以后，随着声呐技术的进步，大西洋的洋底地形逐渐得到了更多了解，横亘在大西洋中央的海底山脉也被发现。1950年代，海洋调查的研究区域极大地扩展了。通过许多国家进行海洋调查搜集到的数据发现，这些海底山脉是环绕全球的，其长度大于5万公里，宽度在很多地方大于800公里，高出海底4500米。这些海底山脉被称为“大洋中脊”。

随后，又发现了磁极倒转现象以及海底的磁条带，这对海底扩张和板块构造理论的最终形成产生了决定性的推动。

地球具有磁场。地球上的岩石在磁场的作用下会被磁化。第二次世界大战期间，科学家发明了从空中就能发现潜艇的磁力探查仪器。1950年代开始，科学家们利用由此改良过的仪器对海底进行了磁场调查，发现海底存在磁场的异常条带。不过，虽然这个磁异常条带的发现是无意的，但也并不令人感到太过意外。早在18世纪，冰岛的海员就已经发现，组成洋底的主要岩石中含有磁铁矿——一种具有很强磁性的矿物，这些磁铁矿在局部地区会影响罗盘指针的方向。

20世纪初期，研究岩石磁性特征的科学家们就发现，炽热熔融、富含矿物晶体和气体的岩浆中含有的磁铁矿的行为类似小的磁针，它会随着地球的磁场方向排列。而当岩浆逐渐冷却并固结的时候，记录了地球磁场方向的磁铁矿颗粒就被封固在岩石中了。地质历史上各个时期都有岩浆活动形成的这种岩石，所以，就有很多岩石记录了它们形成时地球的磁场。古地磁学家就是研究这些“化石磁场”的科学家。古地磁学家发现，根据岩石所显示的磁学特征，可以将岩石分为两类：一种岩石，其中磁性矿物所显示的极性，跟今天地球磁极方向一致；另一类岩石显示出的地磁极性，则与今天的地球磁极方向相反。在1950年代，在对越来越多的海底进行了测量，把不同极性的分布绘制到地图上之后，科学家们发现，磁极倒转并不是随机或无规律出现的，而是显现出了明显的图案。当把这种方法应用在更广泛的地域时，科学家们发现洋底的磁场图案就像斑马身上的图案一样平行分布在大洋中脊的两侧，并且以大洋中脊为中心，对称分布：一条与今天的地磁方向相同的正向条带的旁边紧挨着一条与之相反的反向条带，这被称为地磁异常条带。

岩石形成时，会保存当时地球磁场方向的信息

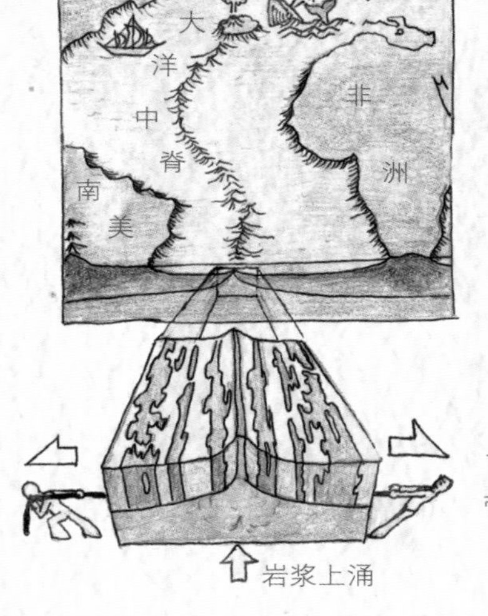

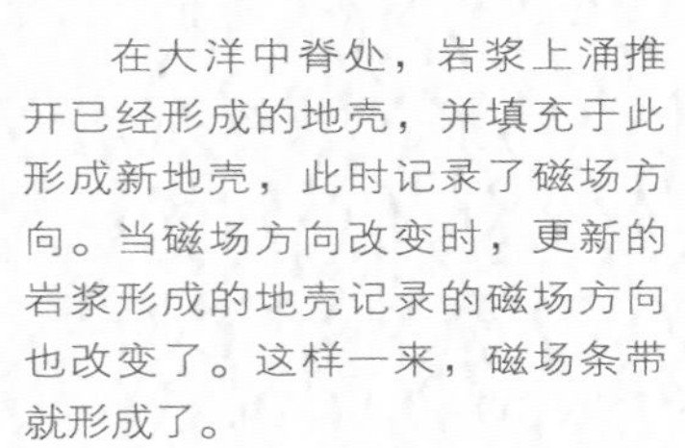

大洋中央的大洋中脊附近，形成了磁场方向与今天相同或不同的条带，平行于大洋中脊分布。

在大洋中脊处，岩浆上涌推开已经形成的地壳，并填充于此形成新地壳，此时记录了磁场方向。当磁场方向改变时，更新的岩浆形成的地壳记录的磁场方向也改变了。这样一来，磁场条带就形成了。

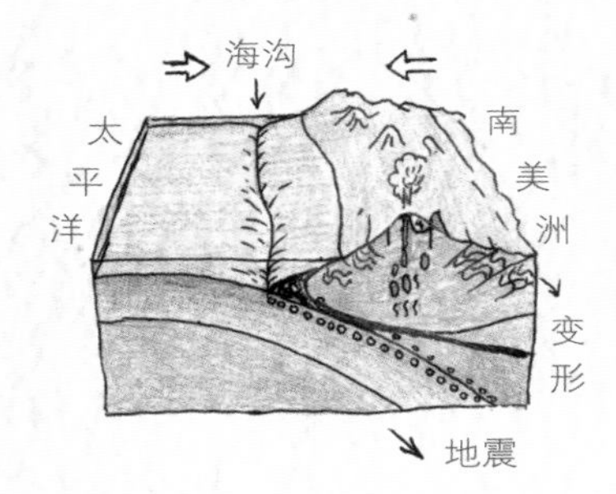

地壳会在海沟处发生俯冲消亡，并引发地震和火山活动。

发现了地磁异常条带以后，人们很自然地提出很多问题：为什么这种条带会形成？为什么它们在大洋中脊两侧对称排列？到了1961年，科学家提出一种假说，认为大洋中脊实际上是海底的薄弱地带，岩浆很容易从此处涌出，形成新的海洋地壳。

古地磁的研究也可以确定地质历史时期地球磁极的位置。1950年代分别在北美和欧洲进行的古地磁研究结果显示，两者代表的同一地质时期的磁极位置不同，只有将北美和欧洲拼接到一起，地磁极的位置才能重合。此外，如果将同一个大陆上不同时期的古地磁极的位置连到一起，就形成了“地磁极移动曲线”，这些曲线与魏格纳的描述很相似。如果将大西洋两岸的大陆拼接到一起，则可以发现，两个大陆的地磁极移动曲线可以完美重合。

更多有关海底扩张的证据来源于一个你想不到的领域：石油勘探。第二次世界大战结束后，陆地上已知的石油资源开始减少，对海洋石油的开发迅速展开。为了进行海洋石油开发，石油公司建造了巨大的轮船，船上装备有先进的钻井平台，具有可装载几公里长钻杆的空间。受此启发，科学界建造了一艘科研船，叫作“Glomar Challenger”（格罗玛·挑战者）号。它的名字Glomar，是取了Global Marine的前三个字母拼合形成的，而

Challenger（挑战者），是为了向19世纪的英国著名科学考察船“挑战者”（HMS Challenger）号致敬。1968年，格罗玛·挑战者号进行了长达一年的横跨大西洋的航行。在航行期间，通过在一系列位置上对海底进行钻孔，采集了不同地点的岩石样品。古生物学家和同位素学家对这些岩石进行了年龄测定，其结果证实了海底存在扩张。

海底不断扩张，新的海底正不断地在大洋中脊处形成。有的研究者把它当作是地球不断膨胀的一个证据。但是这种地球不断膨胀的假说并不合理，因为没有任何地质学机制可以产生如此巨大和突然的膨胀。大部分地质学家认为地球从46亿年前形成到现在，其大小几乎没有改变。那么新的海底持续产生，地球的表面积又如何能够保持不变呢？

这个问题促使科学家们进一步思考。普林斯顿大学的地质学家、海军预备役少将Harry Hess和美国海洋与大地测量局的一位地质学家Robert Dietz，首先提出了“海底扩张”假说。他们推论，如果地壳在大洋中脊处扩张，那么必定在某些地方消减。他们认为，新的地壳持续地在大洋中脊处形成，把古老的地壳向两侧推挤，千百万年后，这些地壳将逐渐在海沟处下插回到地幔当中。他们认为，大西洋在扩张，而太平洋的周缘有很多条海沟，意味着太平洋在收缩。老的洋壳在海沟处不断消亡的时候，新的洋壳在正在分开的大洋中脊处形成。这样一来，大洋盆地实际上是处在不断循环当中。Hess的想法简洁地解释了为什么地球没有因海底扩张而变大、为什么在海底沉积物那么少以及为什么海底的岩石比大陆岩石大大年轻。

板块构造理论形成的历史大致如此。下面我们来看一下，在这一过程中，科学方法的一系列步骤是如何体现的。

步骤1：提出问题。

板块构造理论回答的问题来源于我们对地球的观察。不过由于这些观察的空间尺度非常巨大，需要经过了几百年的科技发展，随着人类对世界认识的进步，才有可能提出来。这些问题中有许多都是互相关联的，比如：为什么海底山脉贯穿了世界上大多数海洋？为什么山脉中的岩石发生了强烈变形？什么引发了地震？什么导致了地下的岩石熔化并从火山喷发出来？为什么世界上大多数的活火山位于太平洋周缘的环状地带？

步骤2：搜集证据。

在20世纪早期还仅有为数不多的证据支持魏格纳的假说。但经过几十年的研究，搜集到的数据极大地增加了。这些新数据的发现，尤其是20世纪中叶海底地形地貌勘察所获得的信息，迫使科学家们抛弃了原来的观念并提出新的想法。

步骤3：提出假说。

魏格纳的大陆漂移假说提出所有的大陆曾经都是同一个超级大陆的一部分。这个假说可以解释为什么非洲和南美洲的海岸线可以像拼图游戏中相邻的两片那样完好地拼接。这个假说认为大陆地壳缓缓地在大洋地壳上滑动，其前端受到挤压，岩石变形，形成了地球上的各条山脉。地震则可能是由大陆的持续运动造成的。但一直到20世纪50年代，大陆漂移假说还被很多地质学家嘲笑，因为他们无法想象沉重的固态大陆怎么能在同样固态的大洋地壳上滑行。

到了1960年代，在搜集到海底更多的新数据后，大陆漂移的思想被重新发现，并整合到板块构造的概念中。在此期间增加了新的假说：洋壳和陆壳一起运动。

步骤4：预测。

如果板块构造假说是正确的，一个很简单明了的预测就是，欧洲和北美洲两块大陆之间的距离将逐年增大。但是我们不可能用一把卷尺来进行横跨大西洋的测量。所以在20世纪60年代，必须通过其他预测来证明——其中的一个预测就是在大洋地壳中，距离大洋中脊越远的岩石其年龄越老。

步骤5：检验预测。

地质学家们在一艘专门设计的船上向深海海底打

钻，搜集了来自海底的岩石和沉积物。在对这些样品的年龄进行鉴定后发现：最年轻的海底，分布在大洋中脊附近，一般不超过一百万年，而超过2亿年的古老海底岩石离大洋中脊最远。

这只是一系列检测之一，而其他更多的检测使原来的想法继续被完善。总的来说，假说的基本内容已经被认为是有效的了。

步骤6：假设变成理论。

当世界上大部分地质学家认为各种测试的结果都是可信的，这个说法没有合理的疑义，很有可能是正确的，板块构造理论就形成了。

在过去的几十年里，板块构造理论还在被更多精确的测量结果进一步证实。现在，通过卫星可以准确地测量地球上任意两点之间相对运动的方向和速度，结果表明，欧洲和北美洲的确正在互相远离。

从板块构造理论形成的过程我们可以看出，地质学家们依据经验进行观察并获得数据，根据逻辑提出合理的假说，并且通过科学方法，逐渐去掉假说中的错误，使之最终成为科学理论。科学就是在这样一个去伪存真的过程中，使得自己不断强大，成为人类最可信赖的知识来源。

第5章 岩石记录着地球的历史

无论是什么岩石，地质学家都能够破解封印其中的地球历史秘密。

我的家乡在贵州，一个多山的省份。贵州省内基本上没有平原，大部分地方都是山地，有小块的山间盆地点缀其中。从600年前贵州建省开始开发以来，逐渐在这些盆地里形成了许多的城市。我家所在的省城贵阳就位于一个盆地，四周围绕着许多山峰。小学高年级的时候，我常常和同学在放学后去山上玩。在我们常去的一个山头的侧面，有个小陡坎，有三四米高，这个陡坎上的岩石一层一层的，像巨大的书页一样。这些书页还如同流水一般形成了漂亮的波浪，有的地方向上隆起，有的地方像瀑布一般突然下降。从陡坎的旁边转过去可以到达山顶，这里的岩石是表面平整的一大块，你能够看到很多弯弯曲曲如同虫子蠕动的深色痕迹，在浅浅的灰色背景里若隐若现。用手摸过去，还能够感受到它们似乎是凸起在岩石表面的。雨后，这种痕迹更加明显，仿

层状的岩石

佛是巨人镌刻在书页上的一些神秘的文字。

这些奇怪的岩石在我的心里留下了深刻的印象。我总在想象，是怎样的巨人才能在如此巨大的岩石上刻下文字？又是怎样的原因让这些巨人之书弯弯曲曲，显示出那些迷人的花纹？

这些巨人之书其实是一种岩石，即薄层状的灰岩。它的主要化学成分是碳酸钙，非常容易沿着一个面劈开，当地人常常用它来建造房子。在贵州的很多地方，传统的民居都会采用这种薄石板来修建。例如在贵州安顺的屯堡，从高处向下放眼望去，白白的一片，错落有致。走进村寨，所看到的是石头的瓦、石头的房、石头的街道、石头的墙、石头的碾子、石头的磨、石头的碓窝、石头的缸。屯堡就是一个石头世界。

这些薄层状的灰岩属于沉积岩，“沉积”是沉淀、积淀下来的意思。顾名思义，这一类岩石的形成跟原本悬浮在水里或者空气中的物质逐渐沉淀和积淀有关。家里面很久没有住人了，家具上面都会堆积大量的灰尘，这就是一种沉积。空气中的灰尘，在有风的时候是飘浮的，当风速减小了，灰尘就会沉淀下来。由于空气是气体，它能携带的物质颗粒一般都很小，除非风速很高的情况下，它才能够带动比较大的物体。极端情况下，龙卷风风速高达每小时250公里，能够吹起很重

薄层灰岩盖的房子

的物体。美国著名的童话《绿野仙踪》的开头，多罗西小姑娘家的房子就是被龙卷风吹走了的。一般风能够携带的只是1mm大小甚至更小的沙粒和尘土。跟水有关的沉积的例子你能想到的肯定是携带泥沙的河流，当它流入海洋或者湖泊的时候，流速减慢，泥沙就会沉积下来形成新的陆地。比如黄河三角洲地区，由于黄河泥沙含量太高，所以黄河形成新的陆地的速度相当快，可能用不了多久（请注意，这是地质学家眼中的“用不了多久”），黄河带来的泥沙就会把渤海填平。此外，我们在化学课上也学过，化学物质可以发生“沉淀”，例如在澄清的石灰水中吹入二氧化碳，原本清澈的溶液就会变浑浊，这是由于出现了碳酸钙固体的沉淀。另外还有一种简单的“沉淀”，就是把含有盐分的卤水加热，最后水都蒸发了，形成了盐的沉淀。

沉积岩覆盖了地球陆地70%的面积，是分布最广泛的一种岩石。沉积岩最典型的特征就是在沉积作用的过程中形成了书页一般的构造。除此之外，沉积岩里还可以寻找到化石，通过化石还有其他一些方法，我们能够知道这些岩石形成的地质年代。地质学家们常把沉积岩比喻为记录地质历史的“历史书”，除了本身构造像书页以外，沉积岩中保存的地球历史记录也使得这个比喻非常贴切。从地球有了空气和水开始，地球上的沉积岩就不断形成。只要我们能够找到不同时期的沉积岩，将它们从老到新进行排列，我们可以得到一本完整“地球历史书”，从而读出地球的历史。

但是，存在过的岩石大部分都已经消失了。记得上一章中讲到的板块构造理论吗？在海沟处，板块构造作用使得岩石俯冲到了地球内部，高温下这些岩石熔化变成了岩浆。岩浆会在地球内部压力的作用下，寻找地球表面岩石圈中的薄弱地区向上钻。在逐渐接近地表的过程中，岩浆温度会降低，其中的液态物质会逐渐变成固体，岩浆就逐渐变成一锅八宝粥一样的物质。随着温度进一步降低，岩浆中的固态物质越来越多，“八宝粥”越来越黏稠，最后变成了“八宝饭”。当岩浆还是比较稀的“八宝粥”时，它还能够克服周围岩石的阻挡四处钻，但是当它逐渐变成“八宝饭”的时候，就很难到处跑了。岩浆逐渐在地下深处冷却，变成固体的岩石。岩浆有时可以穿过岩石的层层阻隔，通过地壳的一些薄弱地区喷出地表，形成火山。喷出地表的岩浆冷却后也能形成岩石。上述的这些岩石都是由岩浆冷凝之后形成的，称为岩浆岩。

根据我们现在认可的地球形成的模型，地球在形成的早期与太阳系星云物质不断地互相碰撞，在此过程中体积不断增加，温度也不断上升。随着激烈碰撞的持续发生，温度逐渐增加到了一个可以使得岩石发生熔化的程度。此时，地球是一团炽热的熔融状态的岩浆。随着大规模撞击的结束，地球表面的温度也逐渐降低，地球表面逐渐固结，原始的地壳逐渐形成。岩浆里挥发出来的气体被地球的引力所吸引，聚集在地球表面，形成了大气层。当温度下降到一定程度以后，液态水也出现了。此时，地球表面已经出现了最原始的大气圈、水圈和岩石圈。从这个意义上说，地球上最早的岩石应该是岩浆岩。按照体积算，岩浆岩也是岩石圈里面最多的岩石，沉积岩仅仅覆盖了岩石圈的最表面。岩浆岩是不是也携带了关于地球演化史的信息呢？这是肯定的，现在我们通过测定岩石中某些放射性同位素的含量，能够计算出这些岩石具体的年龄。这种测量往往是通过测量来源于岩浆岩的某些特定矿物来进行的。一些沉积岩中可能含有火山灰的夹层，也可以通过测定其中独特的矿物形成的时间，来校准沉积岩的绝对年龄。某些岩浆岩来自地球深处，从人类无法通过钻孔进行采样的地方带来了大量的关于地球深部高温高压的环境下地质作用的信息，帮助我们了解地球内部。

板块构造理论告诉我们，地球的表层岩石圈无时无刻不在进行着运动。在板块的边界，存在着板块之间的挤压、拉张和滑动，大部分的火山和地震都发生在板块的边界上。地球内部是一个高温的环境，其中的热量无时无刻

经过风化、剥蚀、搬运，碎屑物质可在合适的环境沉积下来，再经压实等作用固结形成沉积岩。

已存在的岩石在温度、压力以及流体的作用下发生变形、重结晶定向排列内部的矿物，形成了新的岩石，称为变质岩。

岩石的形成

三种岩石之间可以互相转化，如下图所示：

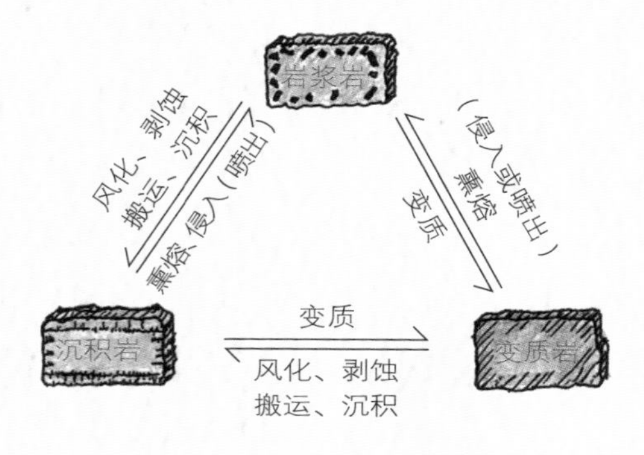

岩石的互相转化

不在影响着温度较低的地球表面。在板块运动和地球内部热能的影响下，地球上的岩石会在保持固态的情况下发生一些改变，形成各种变质岩。当温度过高，岩石会部分熔化，甚至完全熔化变成液态的岩浆。在温度保持在一定范围内时，岩石不会熔化，但是其中的化学物质会更容易发生变化和运动，从而使得岩石的化学成分发生变化。在压力的影响下，岩石内部原有的矿物的排列方式会发生变化，同时由于温度较高，岩石更容易发生变形，也会形成一些独特的岩石面貌。以上这些岩石发生变化的过程，我们称之为变质。变质作用对于某些矿产资源的形成是至关重要的，例如中国人喜欢的翡翠就来源于一种变质岩。某些变质岩具有独特的外貌，矿物的定向排列会使其表面产生美丽的光泽。某些变质岩还能够保留一部分原来的岩石的矿物成分和排列方式，使人们能够追溯其原来的样子。即使是那些面目全非的变质岩，科学家们也可以通过其中特定的矿物组合和化学成分，来恢复其原来的岩性。

无论是沉积岩、岩浆岩，还是变质岩，这些岩石中都包含了许多信息。通过它们，我们可以研究地球的过去，从而知悉地质历史。

第6章 如何测定岩石的年龄

“太可笑了，那帮挖石头的居然会认为地球年龄有几十亿年！”——英国物理学家开尔文勋爵。

大部分人现在认为地球有46亿年的历史，尽管仍有一些人由于受到他们各自信仰的影响，相信地球只有几千年的历史，这些人被称为年轻地球论者。

其实当今世界，无论是哪个宗教分支中，都有很多的宗教学者、领袖接受了科学界关于地球年龄的结论。比如梵蒂冈教廷就基本上与科学界保持一致，接受了大部分的科学事实。

那么我们是如何知道地球的年龄是46亿年这个数据的呢？

1625年，大主教詹姆斯·阿瑟确定地球诞生于公元前4004年，他的判断来自计算圣经中的年代。以这样的算法，现在地球的年龄是6000岁。这个年轻的地球在当时的西方人看来是理所当然的。与此相反，17世纪或更早的时候，印度教徒却认为地球是很老的。根据一个古老的印度教日历，公元2020年将是第1972949121年。

伴随着19世纪初地质学知识的逐渐累积，地质学家们基本上都接受了一种原理，即地球上现在正在进行的运动在地质历史上也存在，并且地球的面貌被这些运动均匀而缓慢地改变着。因为地质作用的速度非常慢，所以要形成今天地球表面的这些地形地貌需要非常漫长的时间。例如，海水侵蚀海岸的速度非常缓慢，所以海蚀崖就不是几千年能够形成的。根据这样简单的逻辑推理，17世纪的时候已经有一部分科学家开始认识到，地球一定很古老，可能至少有几十亿年的历史。但是很不幸，著名的英国物理学家开尔文勋爵是这种古老地球论的一大反对者。开尔文在1866年通过计算地球失去热量的速度，认为地球在形成后2亿至10亿年后就应该完全冷却。后来，他进一步将他的估计完善到2亿到4亿年之间。因此，他相当傲慢地嘲笑那些认为地球年龄会非常古老的地质学家。但是，1896年发现的放射性元素否定了开尔文勋爵推论的前提，因为放射性元素通过逐渐衰变会不断地释放能量，这些能量会使得地球温度升高。而目前，放射性元素产生的热量接近地球丢失的热量，地球处于热量的平衡状态中。所以地球没有完全冷却的原因，并不是地球非常年轻，而是因为放射性元素产生的能量在源源不断地加热地球。

放射性的发现也为确定地球年龄提供了新的手段。1905年，科学家对地球进行了首次粗略的同位素测年，并获得了20亿岁的年龄。从那以后，测年手段越来越多，越来越精确。地球的年龄现在被认为是在45亿～46亿岁之间。不过因为板块运动、地球表面流水和侵蚀等作用会使得岩石在地球上发生循环，所以现在我们已无法找到那么古老的岩石了。

前面提到了通过同位素测年的方法来获知岩石的年龄，那么这其中的原理是什么呢？

具有放射性的原子，会以一个恒定的速率丢失原子核中的中子或者质子，这叫衰变——即当某种元素的同位素（即具有放射性的原子）经过一段确定时间后，所有这些同位素中发生衰变的原子百分比是固定的。例如，如果矿物或者岩石中含有某种放射性同位素的原子10万个，过100万年，这些原子中的四分之一（25，000个）会发生放射性衰变，已经衰变的原子数与原始原子的数量比例是1比4。如果开始的时候含有的是30万个原子，那么过了100万年，这些原子里面将有75，000个发生衰变，衰变的

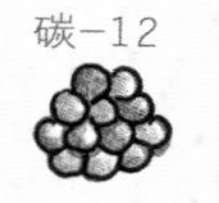

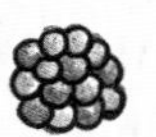

碳的天然同位素

碳－14向氮－14的衰变

蓝点是没有衰变的元素，黄点是衰变后的元素。随着时间的推移，未衰变的元素越来越少。

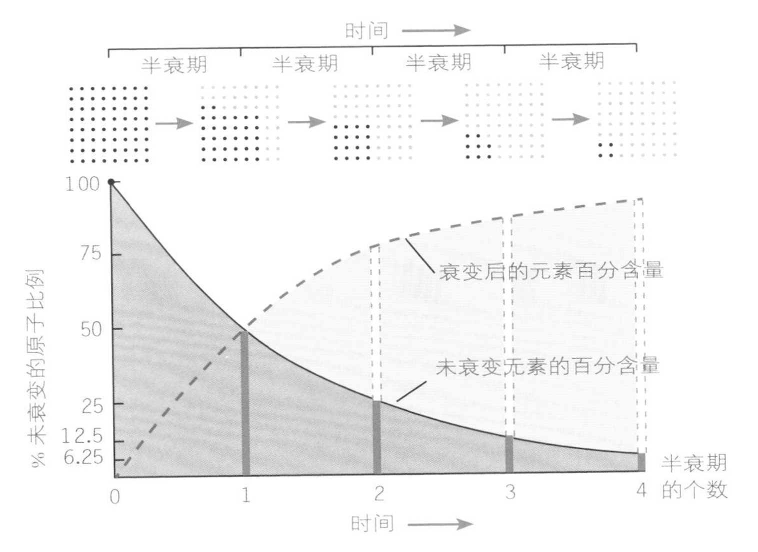

经过1个半衰期后，有一半原子发生了衰变；两个半衰期后，有3/4的原子发生了衰变。以此类推。通过测量衰变后的原子和未衰变的原子数量，我们就能计算出经过了多少个半衰期。

衰变示意图

原子与原始原子数的比例仍是相同的1比4。需要注意的是，衰变的速率是不受化学反应或地球内部的高温高压影响的。

根据放射性同位素的衰变速率不变这一特征，我们可以通过测量岩石中含有的衰变前的原子数量和衰变后的原子数量，根据其衰变速率来计算出岩石的年龄。

常用来进行岩石年龄测定的放射性同位素是碳14，它可以用来测量比较年轻的含碳物质的年龄，也常在考古学中得以应用；而钾40原子的一半衰变为氩40需要13亿年，所以可以用来测量更老的岩石的年龄。

一般情况下，通过放射性同位素对火山岩形成时间的测量是最准确的。因为熔岩流会快速冷却和凝固，测得的时间便是岩石形成的精确时间。而对于可能需要超过一百万年来凝固的那些岩石，测得的年龄会比实际年轻。沉积岩至今都难以精确地定年，但是我们可以在沉积岩中寻找一些火山灰的夹层，从而通过测定火山灰形成的年代来获取精确的年代。

在放射性同位素发现以前，我们是无法确知一块岩石的绝对年龄的。这是否意味着，离开了绝对年龄的测定，我们就无法清楚地说明地质问题或进行地质学研究呢？

恰恰相反，在很多情况下，我们首先关心的是岩石和地质事件之间的新老关系。而绝对年龄，则通常是在认清地质事件的新老关系之后，还须进一步深入研究时才会关心的。

那么，在掌握同位素测年手段之前，地质学家是如何确定地层新老关系的呢？

其实，地质学家们从17世纪起就一直采用一套巧妙的原理和逻辑推理，对岩石的相对新老关系进行判断。这一套原理非常简单，首先，基于我们对于地球上物理现象的观察，任何沉积形成的岩石，其原始状态应该是水平的。所以如果你看到了倾斜的岩层，那么这些岩层一定是由于外力的作用而发生了倾斜。通过前面的章节，你也许已经知道了沉积岩是沉积所形成的，而岩浆岩——即火山岩是经过火山口喷出地表的岩浆冷凝形成的岩石，也是层状的，也可以看作是在原始状态下水平展布的岩石。其次，沉积的过程是垂向叠加的，较老的岩石在下，而较年轻的岩石在上——这从沉积发生的过程非常好理解——较老的岩石必然是先沉淀的，先沉淀的必然是在下的。第三，沉积岩层侧向延伸，是不会突

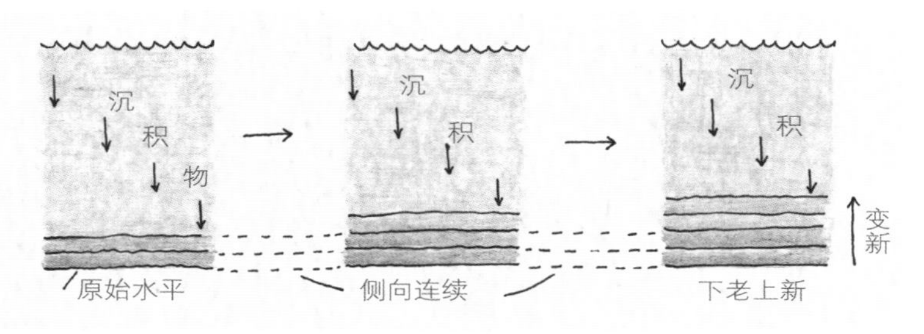

相对年代的原理

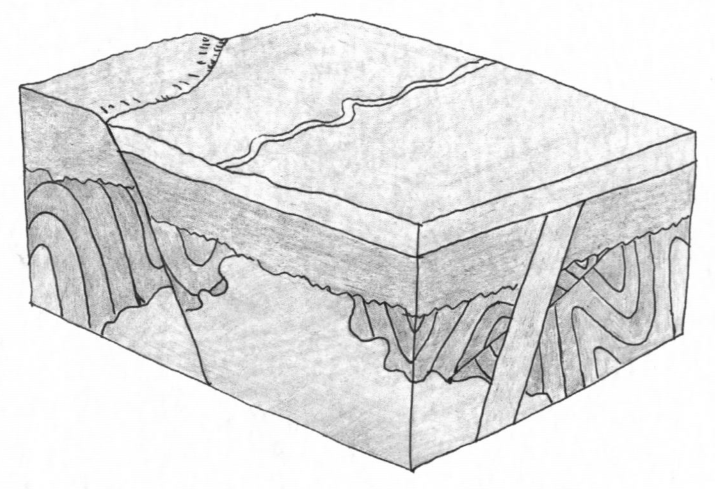

地质体的各种切割关系

刀切过了蛋糕，刀切形成的缝隙
晚于蛋糕的制作

切割关系

然消失的，它只会慢慢地变薄逐渐消失。例如河流入海口的三角洲主要是由河流带来的沉积物组成的。河流流入海洋，河水的流速变慢，泥沙发生沉淀。最靠近陆地的地方河流沉积物先沉淀，沉淀发生后，朝向海洋方向的河流中，泥沙就逐渐减少，直至消失。

还有一个重要的新老关系原理是切割原理，即切割者比被切割者要年轻。想象你过生日的时候的生日蛋糕，你切割它的时间，必然是在它被蛋糕师一层一层地码好、裱花以后。

现在，你知道了地球上岩石的年龄是如何通过放射性同位素测得的，也知道了在那之前，地质学家如何通过一些简单有效的方法来推测地质事件或者岩石之间的相对新老关系。这显示，随着科学技术的不断发展，地质学本身也一步步从不精确逐渐迈向精确。

第7章 为什么叫侏罗纪

现代汉语的很多词汇是从日语中引入的，地质专业词汇也一样。

《侏罗纪公园》是一部1993年由斯蒂芬·斯皮尔伯格执导拍摄的科幻电影，改编自迈克尔·克莱顿于1990年发表的同名小说。此电影利用电脑动画对恐龙进行了逼真的描绘，制造了当时的票房奇迹。至今仍是斯皮尔伯格导演生涯中票房最高的一部电影。此片还曾经获得三项奥斯卡金像奖。它是第一部广泛使用电脑绘图来制作动物影像的电影。逼真的影像加强了恐龙在流行文化中的影响，使得公众对恐龙的兴趣大大提升。因为有古生物学家Jack Horner指导该片的拍摄，除了恐龙更加逼真之外，该片也迅速地将关于恐龙演化的最新研究成果，例如——恐龙的后裔是鸟类以及恐龙与现代蜥蜴的亲缘关系很远等知识传播给了普通大众。

20世纪90年代初的中国电影产业还处在80年代末被电视冲击后的余波当中。许多电影院改成了台球厅、录像厅，或者变成了集贸市场，惨淡度日。那时候大学生们的娱乐主要来自录像厅。记得当年我们去看《侏罗纪公园》的时候，居然出现了一票难求的情况。好不容易买到票，进入昏暗的室内，混合着香烟、酒精还有座椅潮湿气味的空气实在让人难受。但是，电影开场后，银幕上栩栩如生的恐龙立刻吸引了我的注意力，把那些难受的感觉抛到了九霄云外。“侏罗纪”三个字也牢牢地印在了我的脑海里。

那么，“侏罗纪”是什么意思呢？

侏罗纪是一个地质年代，一个地质年代就是地质历史上的一段时间。你也许知道，中国的历史可以粗略地分为原始社会、奴隶社会、封建社会等不同的阶段，而其中的每一个阶段又包括了好几个朝代，例如唐朝、宋朝、元朝、明朝、清朝等，其中的某个朝代又可以根据不同的年号进行更细的划分。跟上述的中国历史分期一样，地质历史也可以分为各个阶段。每个阶段之下又可以再分为更短的阶段，更短的阶段还可以继续细分，最后形成了一个具有多个层次级别的地质年代系统。

以侏罗纪为例，这三个字中的“纪”字，其实是一个地质年代的单位，就像清朝是一个“朝代”一样。侏罗纪还可以继续进行划分，分成早侏罗、中侏罗、晚侏罗等三个“世”，如同清朝可以根据皇帝的年号进行划分，分成康熙时期、雍正时期、乾隆时期等等。侏罗纪本身又属于中生“代”，就像清朝属于封建时代一样。

用一个阶梯式的层级关系表示就是这样的：

中国历史的层级系统：

人类史

　　封建时代

　　　　清朝

　　　　　　乾隆时期

地质年代的层级系统：

地质历史

　　中生代

　　　　侏罗纪

　　　　　　晚侏罗世

其实除了代、纪、世之外，还有更高和更低级别的地质年代单位。

那么侏罗纪中的“侏罗”这两个字又是什么意思呢？

其实地质年代中的各个纪的名称来源很多，有的是

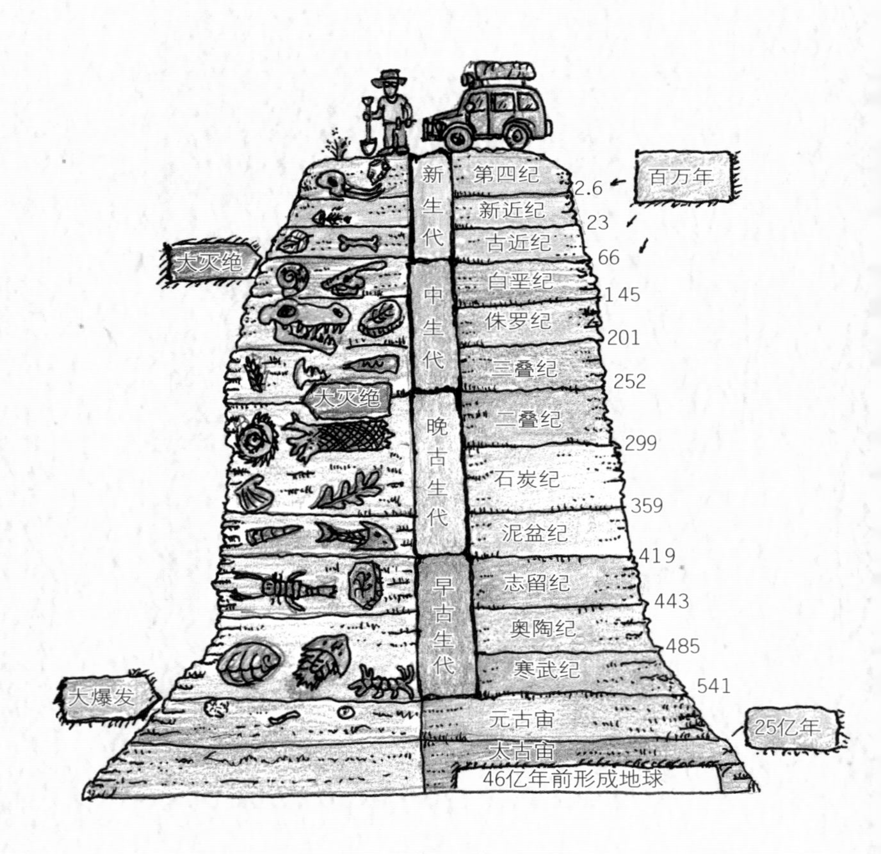
百万年
新生代
第四纪
2.6
新近纪
23
古近纪
66
大灭绝
中生代
白垩纪
145
侏罗纪
201
三叠纪
252
大灭绝
晚古生代
二叠纪
299
石炭纪
359
泥盆纪
419
早古生代
志留纪
443
奥陶纪
485
寒武纪
541
大爆发
元古宙
25亿年
太古宙
46亿年前形成地球

地质年代表

地名，有的是部落的名字，有的则来源于那个纪的岩石的特征。

“侏罗”是一座位于阿尔卑斯山以北的山脉，法语为Jura，又译汝拉山。侏罗山横跨法国、瑞士和德国三国，分隔莱茵河和罗讷河。法国的侏罗省和瑞士的侏罗州都以侏罗山命名。侏罗纪的这个中文名称，源自旧时日本地质学家使用日文汉字对Jurassic进行的翻译。日文中的“侏罗纪”读作“juraki”。Jura即侏罗，ki写成汉字就是纪。不过现在日语中更多使用假名+汉字“ジュラ紀”而不是只有汉字的“侏罗纪”。这就是侏罗纪这三个字的来源。

汉语中常用的一些词语最初来源于日语，这并不是什么奇怪的现象。汉字的影响在中国的地理范围之内，甚至中国的周边都非常大。例如曾与宋朝分庭抗礼的辽国、金国、西夏等，他们的民族文字如契丹文、女真文还有西夏文等都受到了汉字的强烈影响。虽然它们的语言跟汉语不属于同一语系，其文字还是采用了表意和表音结合，形式上具有方块字的外形。中国周边的日本、朝鲜、越南等国同属汉字文化圈，历史上都曾经有过完全使用汉字的时期。虽然历史上朝鲜、日本和越南上层社会的知识分子阶层的汉文水平非常高，但是，出于实际需要，这些国家后来还是各自创造了特殊的符号，如日本有假名，朝鲜有谚文，越南有喃字，与汉字一起记录了和族、朝鲜族和京族的语言。第二次世界大战以后，民族主义的兴盛使得朝鲜（韩国）和越南先后废弃了汉字的使用，但是韩国国民教育中仍有汉字课程。

日语和汉语都使用汉字，其中很多汉字具有相似的意义。日本人民还按照汉字的造字法单独创造了一些日语独有的汉字。汉字文化圈的各个地区在进行翻译的时候，也许会有各自的体系和方式，但是经过了长期交流，仍会互相影响。例如“巴士”“的士”“攻略”“媒体”“人气”等大量来自香港和台湾的外来词译名在大陆得以采用，就是这种文化交流的例子。从日文的外来词译名中直接拿过来的大量的汉语词汇也是如此。

19世纪晚期，日本在明治维新以后大量翻译西方著作，在这个过程中使用的多为汉字。日本明治维新之后，其现代化转型非常成功，国力很快在19世纪末超过中国。在甲午战争以后，中国也开始重视学习日本，派遣了大量的留日学生。中日因为书同文，有很多情况下就直接把日文中的汉字译名拿来使用了。

很多纪的名称与“侏罗纪”一样，也是来源于地名。例如寒武纪，源于英国的一个地区威尔士（Wales）的威尔士语名称Cymru的拉丁语形式Cambria。泥盆纪的名称来源是英国的德文郡（Devon）。二叠纪（Permian），源于俄国乌拉尔山脉中的博尔姆地区（Perm）。

汝拉山风景

除了地名之外，奥陶纪和志留纪的名称来源于威尔士的凯尔特人的部落名称（Ordovices和Silures）。

有的纪的名称是根据当时的岩石特点来命名的。比如石炭纪的英文名称的字面意思为含炭的，这一时代地层中含有大量的煤炭。虽然二叠纪的英文名称（Permian）

白垩

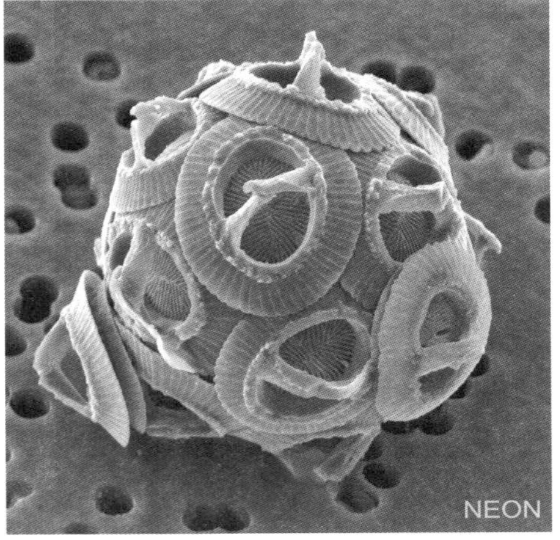

颗石藻

来源于地名，但是其中文翻译为“二叠”的原因是该时代的德国岩石可以明显地分为两部分，下部的红色砂岩和上部的灰岩；三叠纪的中文意义和其他语言的一样，都是因为德国和西北欧这一时期的岩石可以分为三层：红色岩石、其上的海相灰岩以及最上面的一系列陆相泥岩和砂岩。白垩纪的名称来源于广布于欧洲的该时期的岩石中富含白垩。白垩的主要成分是碳酸钙，由一种海生的微小生物——颗石藻的骨骼在海洋中不断沉积而成。

第四纪的名称来源很独特，它来自地质学发展早期对巴黎塞纳河盆地地层的研究，学者们将它们分为第一纪、第二纪、第三纪和第四纪，其中第四纪代表了最新和最上面未固结的松散沉积物。

那么侏罗纪作为一个地质年代的名称，为什么要用侏罗山来命名呢？实际上，在地质学发展的早期，地质学家一般都是从小的区域开始进行地质研究的。他们用源于侏罗山这个地名的Jurassic，来指代这一地区这一独特层段的全部岩石。后来随着研究的不断深入，发现不同区域之间的岩石可以通过其中的生物化石进行对比，从而判断其新老关系。Jurassic这种原本指代某一地区某一层段的岩石的名称，就逐渐地变成用来指示地层相对新老关系的地质年代名称了。

第8章 龟山和蛇山上都有什么岩石

认识两种岩石，探寻我们身边的地质历史。

龟山和蛇山，是武汉市两座很有名的山。毛泽东诗词《水调歌头·游泳》中写道：“风樯动，龟蛇静，起宏图。一桥飞架南北，天堑变通途。”作者在描绘武汉长江大桥的时候，先描绘风景：江面上游弋的帆船、安静的龟山和蛇山，点出地点，而后开始出现主题，即宏伟的规划已经进行，一座大桥在龟山与蛇山之间架起，连通南北，从此长江天险畅通无阻。武汉是中国历史文化名城，龟蛇二山再经过毛泽东诗词的推广，就更加有名了。

武汉市位于江汉平原东部，属长江中游丘陵平原地形。武汉市的大部分地区是平原，海拔高度为20~40米。除此之外，还有很多不高的山脉呈东西向绵延贯穿整个市区。除了前面所说的武昌的蛇山和汉阳的龟山以外，还有武昌的磨山、鼓架山、白浒山、洪山、喻家山，汉阳的美娘山，汉口的岱家山、吴家山等。其中最高峰是位于华中科技大学北面的喻家山，海拔197.7米。由于位于长江、汉水交汇处，武汉河网纵横，湖泊密布，外缘河流有府河、滠水、倒水等，皆属长江水系。武汉市的平原，主要

两江交汇

都是由这些河流带来的沉积物逐渐堆积形成的。而凸起在平原之上的山脉则是由坚硬的岩石组成的。

龟山和蛇山都是武汉市的旅游胜地。龟山上的名胜古迹很多，比较有名的有三国的鲁肃墓、向警予烈士陵园等。武汉市的每个小学生几乎都会到这里来接受爱国主义教育。山顶上矗立着一座现代化的旅游电视塔——湖北广播电视塔。蛇山之上则建有江南四大名楼之一的黄鹤楼。此楼虽然是1980年代重建的，里面甚至有电梯，不是古建筑。但是在现代建筑技术的支撑下，今天的黄鹤楼更加宏

黄毅

湖北省图书馆旧址

鲁肃墓

伟，更具神韵，与长江大桥交相辉映，成了武汉的象征。蛇山上还有很多建筑是养在深闺人未识，如1930年代修建的湖北省立图书馆、纪念抗日烈士的表烈祠等。而当你登上龟蛇二山，除了探寻历史的遗迹之外，是否也会追寻更古老的地质历史，想知道龟山和蛇山是如何形成的“旧事”吗？

其实，这个问题可以分为两个层次。首先，当你在龟山电视塔或黄鹤楼之上，俯瞰长江，环顾武汉三镇，你脑海中浮现的第一个问题可能就是，在大江之畔的辽阔平原上，何以凸显出了龟山和蛇山？其次，既然前面的章节中我们已经谈到过，要了解一个地区的地质历史，最好的办法就是找到历史的记录——岩石，那么龟山和蛇山上的岩石又告诉了我们怎样的地质历史呢？

前面我们说过，武汉市区分布有多条东西向的山脉。沿着蛇山向东，我们可以依次经过洪山、珞珈山、南望山、喻家山、毕家山，在南望山至喻家山南北，还平行分布有磨山、伏虎山等。再向东的九峰地区，山脉变得更加密集。而从龟山向西，逐渐进入江汉平原腹地，山脉逐渐稀疏，仅可见扁担山、米粮山等。经过地质学家的研究，我们发现，这些地方的岩石，除了九峰地区的山脉之外，大部分都是由砂岩和粉砂岩这两类岩石组成的。在野外很好分辨这两种岩石，因为一种里面的颗粒比较粗，另一种

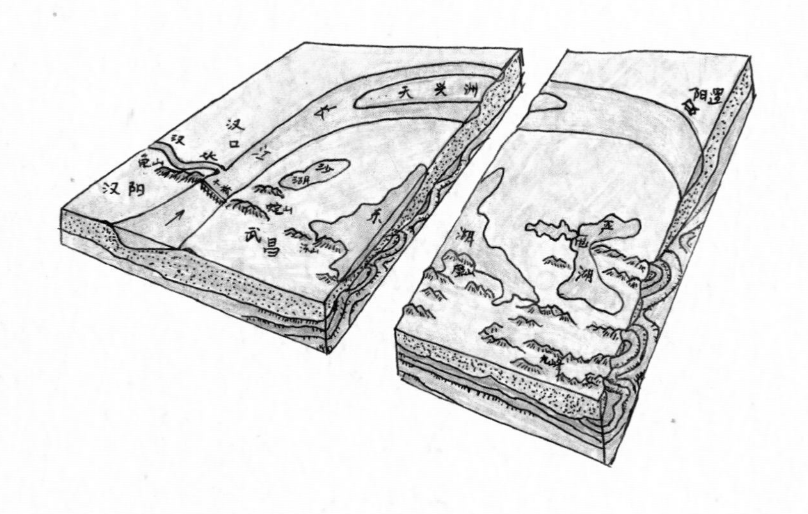

武汉市区大面积平坦的区域覆盖着松散的沉积物。而市区范围内的山峰，则是松散堆积覆于其上的基底岩石。

武汉市的地质概况

则比较细。当你爬上龟山山顶或在蛇山山顶的首义公园里漫步时，你可能会注意到地面上凸起的岩石，风化之后，它们呈现土黄色、上面有隐约的纹路。如果把岩石敲开，新鲜面则是灰白色的。仔细观察，你会看到岩石是由很多细小的颗粒组成的，每个小颗粒大小均一，都在0.5毫米左右；填充在这些颗粒之间的则是一些白色的泥巴一样的东西。这种岩石就是砂岩。砂岩中含有石英颗粒，石英的化学成分是二氧化硅，是一种化学性质很稳定的物质，所以砂岩很耐风化。经过了亿万年的风吹雨打，其他的岩石都被风化掉了，只有砂岩凸起在地表，形成了山峰。另一种岩石是粉砂岩，粉砂岩里面含有较多的黏土，比较软，所以比较容易被风化。在龟山和蛇山，它们露出地表的面积太小了，你如果不仔细寻找，是找不到它们的。但是如果你去宝通寺游览，从洪山宝塔向南，下山时你就可以在路边见到它们；或者，你沿喻家山半山腰的那条路绕山徒步一圈的话，也能在喻家山的南坡看到这种岩石。所以，这些山脉为什么会凸出地表呢？是因为组成它们的岩石比较耐风化，所以经过长期风化作用之后就变成了凸起在地表的山了。

那么，这些岩石可以告诉我们武汉市的哪些地质历史呢？首先，沉积岩的岩性可以告诉我们有关沉积环境的信息；其次，岩石中含有的化石，可以指示有关年代的信息；第三，这些岩石的方位、展布方向、其中所包含的破裂的方向，还可以告诉我们发生了怎样的地壳运动事件。下面我们就来看一看这些岩石告诉了我们什么。

地球表面许多不同的地方都可以作为沉积物沉淀的场所，这些场所属于不同的沉积环境——从陆地到海洋，从沙漠到湖泊，从地表的泥沼到地下的溶洞，只要是沉积物可以沉淀下来的地方，都可以留下沉积记录。较新的沉积记录，可以是湖泊里面的一层层淤泥，可以是海滩上的沙子，也可以是一场洪水带来的泥沙，总之大都没有形成岩石。而比较古老的沉积记录就是各种各样的沉积岩了。地质学家通过研究沉积物中颗粒的特征可以判断这些沉积物沉积的过程，例如：颗粒的大小如何、是否大小混杂、磨圆的程度怎样、有没有形成特定纹理，如果有，这些纹理都有什么特征，是水平的还是倾斜的、是弯曲的还是平直的。刚才我们所讲到的砂岩，有的砂岩粗，有的砂岩比较细。但是，一般来说，一块砂岩里面的颗粒大小都是比较均一的。砂岩的形成需要有一定能量的水流，比如海浪、河流等等。砂岩里面往往能找到纹理，这些纹理也代表了水的流动特征，有的速度快，有的慢，有的是单一方向流动，有的则是双向往复的。龟蛇二山上的砂岩，你仔细观察的话也能发现一些纹理。地质学家通过对这些纹理和沙粒特征的研究，发现其沉积于一种滨海环境，类似今天海滨的沙滩。与之相反，粉砂岩和泥岩形成所需要的能量要比砂岩小，往往来自一些较安静环境中的沉积物。龟山蛇山顶上与砂岩一起产出的粉砂岩，经过研究，就是来自安静的潮下带环境。

其次，岩石中包含的化石能够告诉我们哪些信息呢？我们已知的地球上最早的生物化石发现于澳大利亚西部和南非，是距今约35亿年前的沉积岩层中的一些单细胞生物。从那个时候开始，地球上不断出现新的物种，而原有的物种不断地灭绝，地球的生命史就是新物种不断代替旧物种的历史。地球上的生物死亡以后，它们的遗体或者遗迹被沉积物掩埋，经过石化作用，形成了各种化石。18世纪末，英国地质学家史密斯对英国的地层进行了研究。他发现，不同时代形成的岩石中所保存的化石也有明显的差别，保存了相同化石的岩层形成于同一个地质年代，可以相互对比。以此发现为基础，后来的古生物学家的研究证实，距离今天年代越久远，生物的面貌就越简单；年代距今天越近，生物的面貌就越复杂，越接近今天生物的样子。科学家经过了一百多年的持续研究，最终确认了各个地质时代生物界的面貌，并建立了地质年代表。现在我们通过研究沉积岩里面的化石，就能判断这些岩石是什么时代形成的。通过横向的对比，研究者们发现武汉地区的这些砂岩与长江中下游地区的一层富含泥盆纪生物化石的砂岩是一致的，从而确定了这些砂岩是晚泥盆世时形成的。而总是跟它一起出现的那些粉砂岩和泥岩，自身含有很多志留纪生物的化石，再加上横向的对比，可以证明它是志留纪的产物。

第三，通过对这些山脉中的岩石在空间上展布的观察，又能够告诉我们哪些信息呢？可以想象，当地壳板块互相碰撞或者远离时，会使组成板块的岩石受到挤压或拉张，最终发生各种变形、破裂、位移。而这些变形、破裂和位移及它们留下的痕迹，使我们可以推测出岩石曾经受到的力的作用，并最终推论出更大范围内的板块移动的历史。

通过对武汉地区山脉中岩石的空间位置、方向还有其中的破裂进行的研究，我们发现，其实组成这些山脉的岩石不是水平的。你也可以在野外观察到这些现象，在龟山和蛇山山顶的砂岩中，注意寻找几层岩性稍微不同的岩石：那是一些由较粗的砾石（几毫米到两厘米大小）组成的砾岩。这些砾岩层是很好的标志层，可以代表沉积作用发生时沉积物堆积的原始水平面。只要找到这层砾岩层，你就可以仔细观察它们的延伸方向，从而得知此处的岩层在三维空间中的位置状态。

地质学家还可以用罗盘精确地测量出砾岩层所在平面的倾斜方向和角度。通过在不同的地方测量同一岩层的倾斜方向，地质学家们可以了解在一个较大的区域内，岩石到底发生了什么样的变形。我们可以在龟山、蛇山进行这样的测量，从而发现这里的岩石大致是向北倾斜的——意思是如果你沿着同一层岩石向北方移动，那么你所在的海拔高度是下降的。如果继续向东考察，我们还可以在珞珈山顶发现，这里的砂岩同样向北倾斜。南望山、喻家山、磨山，几乎武汉市所有的山，其上的岩石都是向

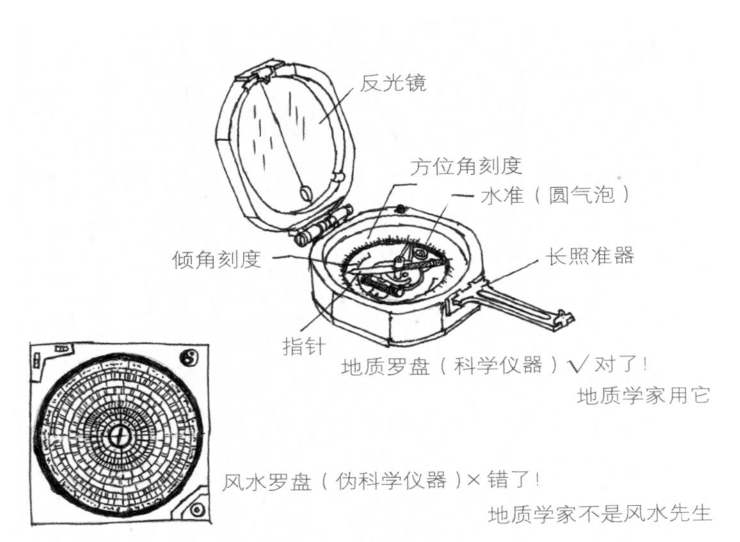

地质罗盘不是风水罗盘

北方倾斜的。

这些向北倾斜的岩石是如何产生的？最直观的解释就是，岩层发生了类似跷跷板一样的运动，一边抬高一边降低。不过这种跷跷板似的运动无法解释其运动的原理。另外一种可能是这里的岩石发生了弯曲。地质学上把岩层的弯曲叫作褶皱。这里的岩石可能是一个褶皱中的一侧。这种解释正确么？如果这种解释是正确的，那么我们顺着岩层倾斜的方向走（在武汉地区是向北），地表岩石的年代应该是逐渐变年轻的，而且不会发生岩层的重复。然而，前面我们已经考察了那么多的地点，龟山、蛇山、喻家山、磨山、珞珈山等，这些山顶的岩层都属于泥盆纪的砂岩层。如果从喻家山向北往磨山方向走，会多次碰到这一层岩石，都向北倾斜着，这其实就是岩层发生了重复。显然，褶皱的一侧的倾斜岩层，这种解释是不对的。

所以我们还需要进行更多的考察。我们可以从中国地质大学开始，向北横穿南望山，经过沙湾村，再到八一游泳池附近东湖边上的都山进行一番地质旅行。首先我们在南望山南坡可以找到志留纪的粉砂岩和泥质岩，到了山顶可以找到我们已经很熟悉的泥盆纪砂岩。下到北坡，一路上我们都可以见到向北倾斜的砂岩。经过沙湾村是一片平地，属于第四纪沉积，到达东湖边的都山，我们在都山南面可以发现泥盆纪的砂岩，一直延伸到都山山顶，然后是志留纪的粉砂岩和泥质岩。这里的岩石也是向北倾斜的。慢着，你注意到了吗？这里的岩石向北倾斜，顺着倾斜的方向，岩层的年代居然从泥盆纪变成了志留纪，变得更古老了，是哪里出错了吗？其实从剖面图上我们就能看得很清楚了。在都山附近出露的岩石，虽然看起来似乎是更年轻的跑到了更古老的岩石上面，不过，联系到南望山，我们就可以把这两个山头的岩石解释为一个褶皱，其靠中心的部分是泥盆纪的砂岩，而其靠南北两侧的部分（都山的北坡和南望山的南坡）则是志留纪的粉砂岩。但是这个褶皱跟我们一般见到的褶皱不同（一般的褶皱其两侧的岩层倾斜方向是相对或者相背的），两侧的岩层倾斜方向相同，但是有一侧（在这里是都山一侧）的岩层发生了新老的颠倒。如果我们在这一地区沿着南北方向切一条横剖面的话，就是这样的。如果我们继续向北，朝磨山方向前进，你会发现这样的情况，在磨山的南北坡都是志留系岩层，而在山顶则是泥盆纪的砂岩。把咱们的剖面图继续补充上去，你看看，是不是变成了一个完整的褶皱？

岩石在受到挤压的时候不只是发生变形，有时还会发生破裂，甚至在破裂以后还会沿着破裂面发生滑动。我们在考察这一地区岩石的时候，在很多地方都能见到这种破裂，地质学上，把它们叫作断层。断层往往会造成岩层的突然中断或者缺失。在野外，很多断层不一定

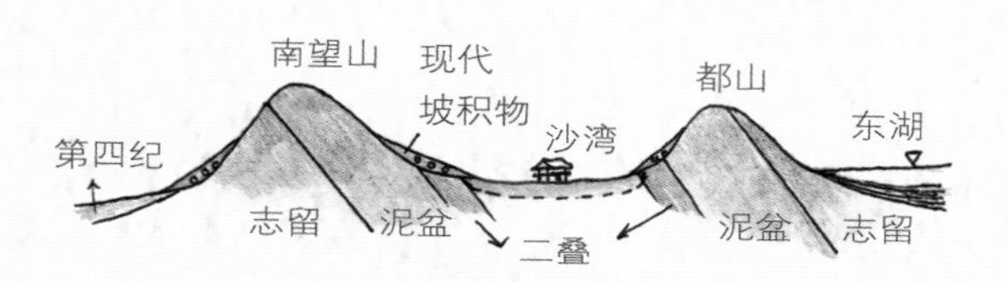

南望山—都山—线地质剖面图

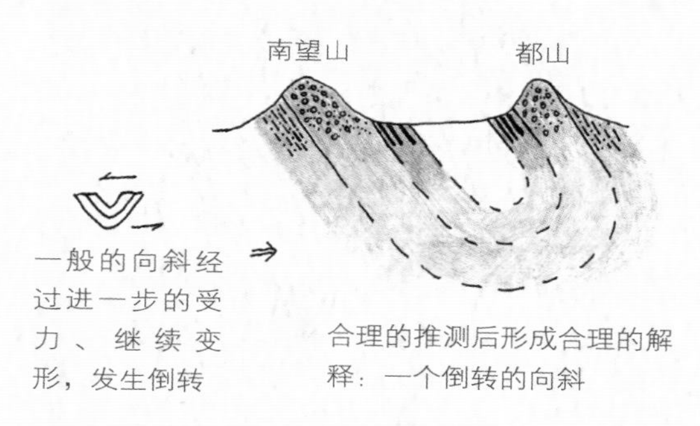

合理的推测后形成合理的解释：一个倒转的向斜

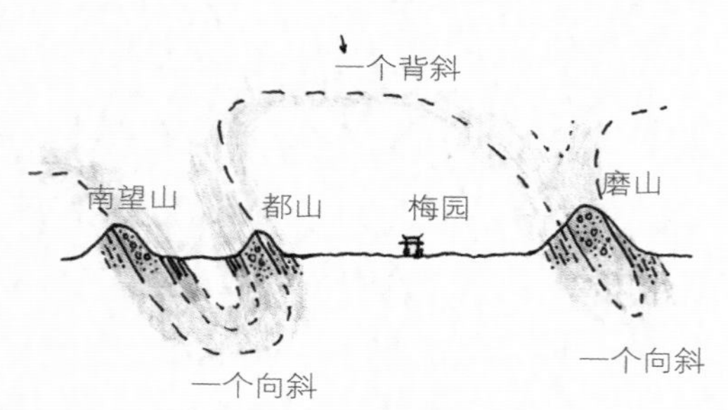

再向北，到磨山，可以看到向斜—背斜—向斜的组合

地质大学到磨山的地质

能够很容易地看到并加以识别。有时断层是一个破碎带，很容易被后期的松散沉积覆盖，需要经过恰当的训练，再加上丰富的经验，才能准确地判断它们的存在。通过考察断层的特征，地质学家可以判断岩石曾经受到了怎样的力的作用。此外，地质学家还能够知道断层两侧的岩石曾经发生过多大程度的移动。这对于我们恢复变形前的板块形状非常有帮助。

褶皱和断层代表了岩石受到过挤压发生的变形和位移。今天在武汉地区，我们观察到的这种东西向延伸的褶皱其实表明了南北方向曾经发生的挤压。而在很多地方观察到的断层现象，也是南北方向的挤压存在的证据。我们有关武汉地区地质运动的历史，又增加了新的资料。

第9章 武汉市的地质历史

我们都正在创造地质历史。

前面一章，我们已经搜集了很多有关武汉地区地质历史的资料：我们考察了泥盆纪的砂岩和与之共同产出的志留纪的粉砂岩和泥质岩；我们分析了它们的时代、分布和沉积环境；我们基于这些砂岩和泥质岩空间上的方位，分析了武汉地区的岩石经历过怎样的变形和位移。但是这些还不足以为我们解答武汉地区的地质历史。为了能够全面还原武汉市市区范围内的地质历史，我们最好能够稍微把范围扩大一些，看看是不是还有什么地方也存在着相关的地质历史记录。如果你看看武汉市的地图，你会发现在严西湖旁的花山、九峰——王家店这个地区有很多的山脉，我们还可以到那些地方去看看都有什么样的岩石。除了这些古老的岩石，我们还可以看看较年轻的松散的堆积，分布在武汉市广大平原地区的这些堆积物都有些什么。

现在我们就有了比较完整的武汉地区的地质记录了：

武汉地区岩层，其时代从志留纪至第四纪均有分布，其中第四纪属松散沉积，分布在平原地带，面积广大，占市区总面积的81%。第四纪以前的沉积物大多已经固结成为坚硬的岩石，形成低丘垅岗地形，占市区面积的19%。

志留纪之前的岩层，在武汉地区并未出露。志留纪到三叠纪的岩层（包括前述的龟蛇二山上的砂岩和粉砂岩）主要分布于从汉阳地区的米粮山一直到光谷腹地的九峰和王家店一带。白垩纪至古近纪的岩层在新洲的半边山和阳逻一带有零星分布。

下面我们分别列出各个时代的岩层的分布范围和岩性，去武汉地区的各个地点郊游的时候，你可以注意一下所在的小山包都是什么岩性，看看有没有可能找到化石，丰富你的地质收藏。你也许会注意到，这些不同时代的岩层都有自己的名称，例如泥盆纪的五通石英砂岩（或称为五通组）或者志留纪的坟头组。在野外的时候，地质学家常把在一定的区域内分布较广且稳定出现的、具有特定的岩性或者岩性组合的岩层归为一个“组”。这些组的名称大部分是根据典型地点附近的地名来命名的，有的则是用岩性命名的。

一、志留纪的岩层

主要分布于米粮山、洪山、喻家山、九峰山一带，在磨山、白浒山、鼓架山等地亦有零星出露。坟头组是这些志留纪地层的名称，其下部为黄绿、浅黄色中层状细粒石英砂岩夹薄层状黏土质粉砂岩；上部为黄绿、灰绿色薄——中层状细粒石英杂砂岩、粉砂质黏土岩。它们主要是由一些大陆架的泥砂质沉积形成的。如果你足够细心，可以采集到一些腕足、双壳、腹足、三叶虫、鱼类的化石。

二、泥盆纪的岩层

主要分布于米粮山、蛇山、大长山、顶冠峰及鼓架山—白浒山一带。泥盆纪的岩层在这一地区被称作五通石英砂岩，常常与志留纪的坟头组相伴出露。

武汉地区的泥盆纪岩层仅发育泥盆纪晚期的五通石英砂岩。其下段主要为灰白、灰黄色巨厚层状含砾石英砂岩以及细—中粒石英砂岩。底部为石英砾岩，在原始沉积的水平面上常见波浪状的痕迹，层内可见各种反映沉积环境的纹理。底部石英砾岩区域上较稳定，是与下伏志留纪坟

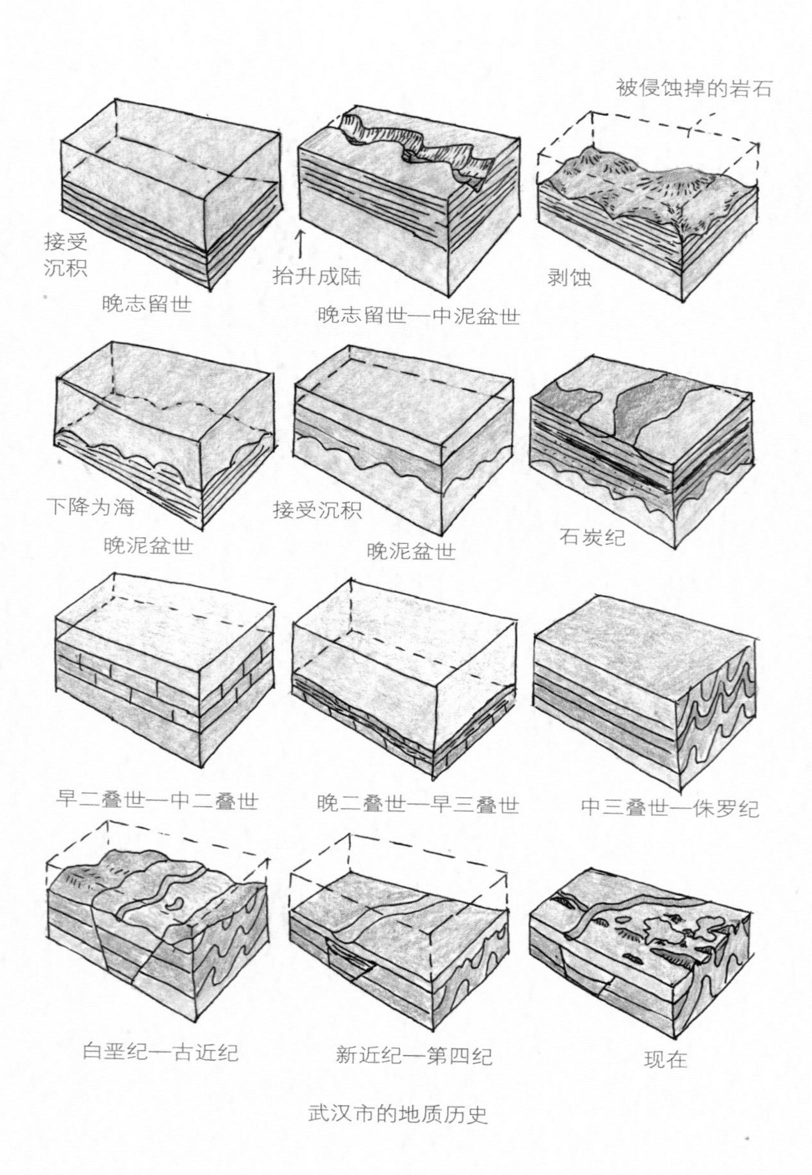
被侵蚀掉的岩石
接受
沉积
晚志留世
抬升成陆
晚志留世—中泥盆世
剥蚀
下降为海
晚泥盆世
接受沉积
晚泥盆世
石炭纪
早二叠世—中二叠世
晚二叠世—早三叠世
中三叠世—侏罗纪
白垩纪—古近纪
新近纪—第四纪
现在

武汉市的地质历史

头组分界的重要标志；上段灰白、浅红色薄至中层状细一中粒石英砂岩、石英岩状砂岩中含有较丰富的植物化石和遗迹化石。五通石英砂岩形成于波浪作用较弱、距离海岸较近的近滨相沉积环境。

三、石炭纪的岩层

石炭纪岩层出露面积较小，仅在花山、鼓架山、米粮山、黄金塘等地零星出露，可分为高骊山组、和州组及黄龙灰岩。

高骊山组为一套灰白色一杂色砂岩或泥岩。下部为灰白色薄层黏土岩、粉砂质黏土岩夹粉砂质砂岩；上部为杂色、灰黑色含炭黏土岩夹煤线及菱铁矿结核，含丰富的植物化石。本组岩性向西至鼓架山，细砂岩、粉砂岩增多夹煤线一层；至米粮山常为炭质黏土岩，含煤线1～2层。和州组在高骊山组之上，主要为浅紫红色、灰白色的薄层状含铁质、砂质黏土岩和透镜状灰岩，含有很多生物碎屑，底部含铁质较高。高骊山组在花山地区出露最完整，向西至鼓架山变薄，变为以土黄色泥质岩为主，其主体部分形成于水动能较低的泥质海滩。和州组上段为海滩相灰白色薄一中层状石英岩状砂岩、含砾杂砂岩，仅出露于武昌花山，时代属早石炭世晚期。灰岩透镜体中可见各种有孔虫、腕足类化石，属水体和深水能量较低的陆棚环境。黄龙灰岩，区内仅见于黄金塘附近，为灰白色厚层状细晶砂屑灰岩、鲕粒灰岩，时代属晚石炭世早期。

四、二叠纪岩层

主要分布于汉阳郭茨口、刘家湾至武昌胭脂路、七桥、黄金塘、花山及黄陂叶家店一带。根据岩性特征，由下而上分为马鞍组、栖霞灰岩、孤峰硅质岩和炭山湾组、保安硅质岩。

马鞍组为一套滨海沼泽环境中沉积的含煤砂岩或泥质岩。主要岩性为灰—灰黑色含炭质页岩、含炭质灰岩，局部夹劣质煤。底部见10厘米厚的铁质页岩，含有腕足类、有孔虫及其他有机质生物碎片，时代属于早二叠世早期。栖霞灰岩主要为深灰色中—厚层状灰岩，含大量生物碎屑，夹炭质灰岩和燧石结核。顶、底部见瘤状含燧石结核生物屑微—细晶灰岩，底部层间夹炭质页岩，含较丰富的有孔虫、珊瑚、腕足类化石。栖霞灰岩的沉积环境水动力强度不大，属于浅海大陆架环境，时代属于早二叠世。孤峰硅质岩，为灰—深灰色薄—中层状含生物屑硅质岩，连续沉积于栖霞灰岩之上。含有大量的微体化石如海绵骨针、放射虫、硅藻等，属于大陆架盆地沉积，时代属早二叠世晚期。炭山湾组为一套含煤碎屑岩，环境经历了大陆架—前三角洲的发展过程，时代属晚二叠世早期。保安硅质岩，属大陆架盆地环境，其岩性以浅灰—灰黄色薄板状硅质岩为主，夹黏土质硅质岩，时代为晚二叠世。

五、三叠纪的岩层

仅在东南部土桥一带零星出露，属大冶组，岩性为黄色页岩、钙质页岩、泥灰岩，含双壳类化石，属浅海大陆架沉积，时代为早三叠世早期。

六、白垩—古近纪的岩层

白垩纪—古近纪的岩层在武汉出露很少，没有进一步划分为组，总体被称作东湖群。东湖群零星出露于北部阳逻、金台、半边山、滠口和武昌青山一带。东湖群最大的特点是其颜色为红色。主要岩性有紫红色中—厚层状细粒长石杂砂岩、砂砾岩、不等粒砂岩等。砾径一般为1cm～30cm，大小混杂，呈棱角状、次棱角状。沉积环境为内陆河湖相。

七、第四纪覆盖层

武汉地区第四纪覆盖分布广泛，具有类型多、相变大、物质成分复杂的特点，出露面积占81%。主要有河流沉积、湖泊沉积、残坡积等。

有了上述的这么多资料，现在我们可以还原武汉市的地质历史了。

距今4.3亿～4.2亿年前，相当于地质历史时期中的志留纪，武汉地区处于与外海相通的浅海大陆架环境，气候潮湿，陆源碎屑丰富，沉积了一套灰绿色粉砂岩、页岩等。沉积物粒度由细变粗，反映出海水逐渐变浅。晚志留世之后，本区抬升隆起，处于剥蚀状态，未留有沉积记录。

从晚泥盆世开始，武汉地区再次下降接受沉积，形成一套比较纯的滨海石英砂岩即五通石英砂岩。泥盆纪末期，出现短暂海退。

从早石炭世开始，武汉地区为潮坪—潟湖和滨岸海滩环境，沉积了一套含煤的岩层。早、晚石炭世之间一度出现海退，晚期海平面上升。

早二叠世早期武汉地区为浅海大陆架至台地环境，沉积了厚度较大的碳酸盐岩；晚期以大陆架盆地相硅质岩沉积为特征。早二叠世末期海水退去。晚二叠世早期，海水又再次上升，先是形成了一些滨海的沉积。到了晚二叠世的晚期海平面最高，整个武汉市处于大陆架盆地，沉积了保安硅质岩。早三叠世开始发生海退，中三叠世末，武汉地区开始上升剥蚀。

中侏罗世末，在南北向挤压力作用下，武汉地区的岩层发生了强烈褶皱，我们目前见到的第四纪之前的岩层与其下的岩石发生了滑动，从而奠定了武汉市现在东西向褶皱的基本框架。白垩纪开始，从强烈挤压的状态逐渐转向拉伸，在阳逻地区形成了盆地，沉积了白垩纪—古近纪的东湖群紫红色砂岩、泥岩。

进入新生代，武汉地区主要表现为地壳抬升、河谷迁移、阶地形成，最终形成了现今武汉地区龟蛇二山辅佐，长江汉水横穿的自然地理景观。气候环境方面，距今250万年左右，武汉市的植被以草原为主，混生有一定数量的木本植物，代表潮湿偏干的气候。距今70万年开始，气候由温凉偏干逐渐转变为干热；20万年前开始，气候变得寒冷；然后到距今1.2万年左右，气候逐渐接近今天温暖潮湿的亚热带季风气候。

随着末次冰期的结束，人类逐渐迁移到了武汉地区。最早在1万年前左右，武汉地区已经有古人类活动。1996年在汉南区纱帽镇出土了一具头骨化石，跟山顶洞人处于同一时代。武昌东湖西岸的放鹰台遗址属于新石器文化，距今6500～5000年。汉口北的盘龙城遗址，属于3500年前商朝时期的古城。至此，人类开始走到武汉历史舞台的中央。

自从人类出现以来，人类对地球的改造就在持续进行。作为狩猎采集者的古人，据信是地球历史上哺乳动物大规模灭绝的罪魁祸首。人类为了获得持续的能量供应发明了农业，而农业需要土地，从此地球表面的森林被大量砍伐变成了农田。近代以来，人类对地球的改造更进一步：先前的地质历史中形成的化石燃料被大规模地开采。随着人类生活水平提高，对地球环境的影响也越来越大。地球表面的地形地貌虽然没有发生重大的变化，但是全球气候变暖、地质灾害增加、不可再生资源不可避免地减少，都在从根本上改变着地球。所以，无论从哪方面来说，人类也是地质作用的一部分，人类的历史也是地质历史。影响地球表面的地质作用永不停息，武汉地区的地质历史也仍然在进行之中。